工科研究生数学类基础课程应用系列丛书

现代优化理论与方法

(下册)

黄庆道　吕显瑞　李晓峰　王彩玲　编

科学出版社

北京

内 容 简 介

本书分上、下两册，共 11 章，包括最优化问题、线性规划、非线性规划问题、多目标规划、全局最优化问题、二次规划、整数规划、动态规划及优化求解的软件实现等问题.

本书可作为最优化及相关专业的研究生教材和高年级本科生的选修教材，也可供从事相关专业的科研人员和工程技术人员参考.

图书在版编目(CIP)数据

现代优化理论与方法. 下册/黄庆道等编. —北京：科学出版社，2017.6
(工科研究生数学类基础课程应用系列丛书)
ISBN 978-7-03-049673-7

Ⅰ. ①现… Ⅱ. ①黄… Ⅲ. ① 最佳化–数学理论–研究生–教材 Ⅳ. ①O224

中国版本图书馆 CIP 数据核字(2016) 第 201916 号

责任编辑：张中兴 / 责任校对：彭 涛
责任印制：白 洋 / 封面设计：迷底书装

科学出版社 出版
北京东黄城根北街 16 号
邮政编码：100717
http://www.sciencep.com
三河市书文印刷有限公司 印刷
科学出版社发行 各地新华书店经销
*
2017 年 6 月第 一 版 开本：720 × 1000 1/16
2017 年 6 月第一次印刷 印张：8 1/2
字数：172 000

定价：29.00 元

(如有印装质量问题，我社负责调换)

“工科研究生数学类基础课程应用系列丛书”编委会名单

序　　言

“工科研究生数学类基础课程应用系列丛书”是根据教育部关于研究生培养指导规划和目标、结合当前研究生教育改革的实际情况, 借鉴国内外研究生教育的最新研究成果, 旨在规范和加强研究生公共基础课教学的一套研究生公共数学系列教材. 本套丛书经过对研究生公共数学课程整合、优化, 共编写 13 册教材, 具体包括:《现代分析基础》(上、下册)、《代数学基础》(上、下册)、《现代统计学基础》(上、下册)、《现代微分方程概论》(上、下册)、《现代数值计算基础》(上、下册)、《现代优化理论与方法》(上、下册)、《应用泛函分析》. 其中上册为非数学类硕士研究生教材, 下册为非数学类博士研究生教材.

本套丛书的编写体现了时代的特征, 本着加强基础、淡化证明、强调应用的原则, 力争做到科学性、系统性和实用性的统一, 着眼于传授教学知识和培养学生数学素养的高度结合.

本套丛书吸取国内外同类教材的精华, 参考近年来出版的一些新教材, 结合当前研究生公共数学教学改革的实际, 特别是综合性大学非数学类研究生公共数学的实际需求.

本套丛书体例科学、结构合理、内容经典且追求创新, 既是作者多年教学经验的总结, 又是作者长期教学研究和科学研究成果的体现. 每章后面既有巩固基本概念、基本理论、基本运算的基础题目, 又有提高学生抽象思维、逻辑推理和综合运用基础知识解题的提高题目, 为学生掌握教材基本内容, 运用教材基本知识开发创新思维提供了可行条件.

本套丛书适用面广、涉及专业全、教学内容新, 可作为综合性大学非数学专业研究生公共数学教材和教学参考书, 在教材体系与内容的编排上认真考虑不同专业、不同学时的授课对象的需求, 可选择不同的教学模块, 以满足广大读者的实际需要.

本套丛书的编写过程中, 得到了吉林大学研究生院、吉林大学数学学院和数学研究所的大力支持, 也得到了科学出版社的领导和编辑的鼎力帮助, 在此一并致谢.

由于编者水平有限, 书中的不妥之处在所难免, 恳请广大读者批评指正, 以期不断完善.

丛书编委会

2015 年 3 月于长春

前　言

本课程属于非数学类研究生数学公共基础课程之一，最优化方法是从所有可能方案中选择最合理的方案以达到最优目标的科学. 随着电子计算机的普遍应用而迅猛发展，已广泛应用于国民经济各部门和科学技术的各个领域中. 因此，学习和掌握最优化的基本理论和方法，对于将来从事工程技术工作的工科研究生来说是必不可少的. 本门课程旨在讲授最优化的基本理论和方法，要求通过本课程的学习，具有应用最优化方法解决一些实际问题的初步技能，并为以后的学习和工作做必要的准备.

根据工科研究生课程指导委员会制定的“工科研究生最优化方法课程教学基本要求”，结合吉林大学为本校硕士研究生和本科生编写的最优化理论与方法教材及多年来教学实践的体会，我们选取了线性规划、非线性规划、多目标规划、全局最优化和现代优化理论五部分，即全书 1—7 章，作为优化基本理论上册内容.

为了进一步优化理论的学习，我们又选取了二次规划、整数规划、动态规划和优化求解的软件实现的内容，即全书 8—11 章作为本书的下册内容. 每一部分内容着重阐明基本理论与基本方法，以便给读者在该领域的深入学习和研究打下良好基础，对于一些证明较冗长和复杂的定理，我们只给出定理的内容，证明从略.

本书力求深入浅出，通俗易懂，学过高等数学和线性代数的读者均能学习. 本书既可作为工科研究生和高年级本科生学习本门课程的教材，也可以作为从事应用数学、管理学、系统工程及工程设计方面的广大科技工作者的参考书.

由于编者水平有限，缺点和疏漏在所难免，敬请读者予以批评指正.

黄庆道

2016 年 3 月

目　录

第8章 二次规划

8.1 QP 问题

二次规划是最简单的约束非线性规划问题, 它是问题基本规划问题在 $f(x)$ 是二次函数, $c_i(x)(i=1,2,\cdots,m)$ 都是线性函数时的特殊情形, 即可写成

$$\min_{x\in\mathbf{R}^n} \quad Q(x)=\frac{1}{2}x^{\mathrm{T}}Hx+g^{\mathrm{T}}x. \tag{8.1}$$

$$\text{s.t.} \quad a_i^{\mathrm{T}}x=b_i, \quad i=1,\cdots,m_e; \tag{8.2}$$

$$a_i^{\mathrm{T}}x\geqslant b_i, \quad i=m_e+1,\cdots,m. \tag{8.3}$$

利用前面的结果, 我们可以得到如下定理.

定理 8.1.1 设 x^* 是二次规划问题 (8.1)—(8.3) 的局部极小点, 则必存在乘子 $\lambda_i^*(i=1,\cdots,m)$ 使得

$$g+Hx^*=\sum_{i=1}^{m}\lambda_i^*a_i, \tag{8.4}$$

$$\lambda_i^*[a_i^{\mathrm{T}}x^*-b_i]=0, \quad i=m_e+1,\cdots,m, \tag{8.5}$$

$$\lambda_i^*\geqslant 0, \quad i=m_e+1,\cdots,m, \tag{8.6}$$

且对一切满足于

$$d^{\mathrm{T}}a_i=0, \quad i\in E\cup I(x^*) \tag{8.7}$$

的 $d\in\mathbf{R}^n$ 都有

$$d^{\mathrm{T}}Hd\geqslant 0, \tag{8.8}$$

其中 $E=\{1,\cdots,m_e\}$, 以及

$$I(x^*)=\{i|a_i^{\mathrm{T}}x^*=b_i,\ i=m_e+1,\cdots,m\}. \tag{8.9}$$

定理 8.1.2 设 x^* 是一个 K-T 点, λ^* 是相应的 Lagrange 乘子, 如果对一切满足于

$$d^{\mathrm{T}}a_i=0, \quad i\in E; \tag{8.10}$$

$$d^{\mathrm{T}}a_i\geqslant 0, \quad i\in I(x^*); \tag{8.11}$$

$$d^{\mathrm{T}}a_i=0, \quad i\in I(x^*)\text{且}\lambda_i^*>0 \tag{8.12}$$

的非零向量 d 都有

$$d^{\mathrm{T}}Hd \geqslant 0, \tag{8.13}$$

则 x^* 必是问题 (8.1)—(8.3) 的局部严格极小点.

定理 8.1.3 设 x^* 是二次规划问题 (8.1)—(8.3) 的可行点, 则 x^* 是一局部极小点当且仅当存在乘子 $\lambda^* = (\lambda_1^*, \cdots, \lambda_m^*)$ 使得 (8.4)—(8.6) 成立而且对一切满足 (8.10)—(8.12) 的向量 d 都有

$$d^{\mathrm{T}}Hd \geqslant 0. \tag{8.14}$$

证明 设 x^* 是一局部极小点, 由定理 8.1.1 知存在乘子 λ^* 使得 (8.1)—(8.3) 成立. 设 d 是任何一个满足 (8.10)—(8.12) 的非零向量. 显然, 对充分小的 $t > 0$ 有

$$x^* + td \in X. \tag{8.15}$$

于是, 由 d 的定义,

$$\begin{aligned} Q(x^*) \leqslant Q(x^* + td) &= Q(x^*) + td^{\mathrm{T}}[Hx^* + g] + \frac{1}{2}t^2 d^{\mathrm{T}}Hd \\ &= Q(x^*) + t\sum_{i=1}^{m} \lambda_i^* a_i^{\mathrm{T}} d + \frac{1}{2}t^2 d^{\mathrm{T}}Hd \\ &= Q(x^*) + \frac{1}{2}t^2 d^{\mathrm{T}}Hd \end{aligned} \tag{8.16}$$

对所有充分小的 $t > 0$ 成立, 故知 (8.14) 式成立. 由于 d 的任意性, 所以对一切满足于 (8.10)—(8.12) 的向量 d 都有 (8.14).

反之, 设存在 $\lambda^* = (\lambda_1^*, \cdots, \lambda_m^*)$ 使得 (8.4)—(8.6) 成立, 而且对一切满足于 (8.10)—(8.12) 的向量 d 都有 (8.14) 式成立. 如果 x^* 不是一局部极小点, 则必存在 $\delta_k > 0$, d_k 使得

$$x^* + \delta_k d_k \in X, \tag{8.17}$$

$$Q(x^* + \delta_k d_k) < Q(x^*), \tag{8.18}$$

而且 $\delta_k \to 0, d - k \to \bar{d}$. 考虑 Lagrange 函数

$$L(x, \lambda^*) = Q(x) - \sum_{i=1}^{m} \lambda_i^*(a_i^{\mathrm{T}}x - b_i). \tag{8.19}$$

由于 $L(x, \lambda^*)$ 是关于 x 的二次函数且有

$$\nabla_x L(x^*, \lambda^*) = 0, \tag{8.20}$$

$$\nabla_{xx} L(x^*, \lambda^*) = H, \tag{8.21}$$

$$L(x^* + \delta_k d_k, \lambda^*) = Q(x^* + \delta_k d_k) - \sum_{i\in I} \lambda_i^* \delta_k a_i^{\mathrm{T}} d_k$$
$$\leqslant Q(x^*) - \sum_{i\in I} \lambda_i^* \delta_k a_i^{\mathrm{T}} d_k. \tag{8.22}$$

由 (8.20) 和 (8.22) 可知 $\bar{d}$ 满足 (8.10)—(8.12). 令矩阵 $\bar{A}$ 是由 $a_i(i \in E, \lambda_i^* > 0, i \in I)$ 组成的. 定义

$$\bar{d_k} = -(\bar{A}^{\mathrm{T}}) + \bar{A}^{\mathrm{T}} d_k, \tag{8.23}$$

$$\widehat{d_k} = d_k + \bar{d_k}. \tag{8.24}$$

由 (8.22) 可知

$$\|\bar{d_k}\| \to 0. \tag{8.25}$$

由 (8.20) 和 (8.21) 可知

$$L(x^* + \delta_k d_k, \lambda^*) = L(x^*, \lambda^*) + \frac{1}{2}\delta_k^2[(\widehat{d_k} - \bar{d_k})^{\mathrm{T}} H(\widehat{d_k} - \bar{d_k})]$$
$$\geqslant L(x^*, \lambda^*) + O(\|\bar{d_k}\|_2 \delta_k^2)$$
$$= Q(x^*) + O(\delta_k^2 \|\bar{A}^{\mathrm{T}} d_k\|_2). \tag{8.26}$$

从 (8.22) 和 (8.26) 可得到

$$(\min_{\substack{i\in I \\ \lambda_i^*>0}} \lambda_i^*)\delta_k \|\bar{A}^{\mathrm{T}} d_k\|_2 \leqslant O(\delta_k^2 \|\bar{A}^{\mathrm{T}} d_k\|_2). \tag{8.27}$$

这与 $\delta_k \to 0$ 相矛盾. 矛盾说明 x^* 必是一局部极小点. □

由于问题的特殊形式, 求解二次规划的 K-T 点等价于寻求 $x^* \in \mathbf{R}^n, \lambda^* \in \mathbf{R}^m$ 使得线性系统 (8.2)—(8.3), (8.4), (8.6) 满足而且线性互补条件 (8.5) 也成立.

如果 H 是 (正定) 半正定矩阵, (8.1) 中的目标函数是 (严格) 凸函数, 这时问题 (8.1)—(8.3) 被称为 (严格) 凸的二次规划问题. 对于二次规划, 可行域只要不空就必定是凸集, 所以但当目标函数是凸函数时, 任何 K-T 点必为二次规划的全局极小点.

定理 8.1.4 设 H 是半正定矩阵, 则 x^* 是二次规划问题 (8.2)—(8.3) 的全局极小点当且仅当它是一个局部极小点, 也当且仅当它是一个 K-T 点.

所以, 当 H 是半正定时, 求解 (8.2)—(8.3) 等价于求解 $(x, \lambda) \in \mathbf{R}^{m+n}$ 使得

$$g + Hx = A\lambda, \tag{8.28}$$

$$a_i^{\mathrm{T}} x = b - i, \quad i \in E, \tag{8.29}$$

$$a_i^{\mathrm{T}} x \geqslant b - i, \quad i \in I, \tag{8.30}$$

$$\lambda_i [a_i^{\mathrm{T}} x - b_i] = 0, \quad i \in I, \tag{8.31}$$

$$\lambda_i \geqslant 0, \quad i \in I \tag{8.32}$$

成立, 其中 $I = m_e + 1, \cdots, m, \lambda = \lambda_1, \cdots, \lambda_m$ 以及

$$A = [a_1, \cdots, a_m]. \tag{8.33}$$

这一等价关系对推导凸二次规划的对偶规划问题是十分重要的.

8.2 对 偶 性 质

假定 H 是正定矩阵, 由上节的结果可知二次规划 (8.1)—(8.3) 等价于 (8.28)—(8.32). 记

$$y = A\lambda - g, \tag{8.34}$$

$$t_i = a_i^{\mathrm{T}} x - b_i, \quad i \in I. \tag{8.35}$$

则 (8.28)—(8.32) 可写成下列形式

$$\begin{bmatrix} -b \\ H^{-1} y \end{bmatrix} = \begin{bmatrix} -A^{\mathrm{T}} \\ I \end{bmatrix} + \begin{bmatrix} 0 \\ \vdots \\ 0 \\ t_{m_e+1} \\ \vdots \\ t_m \\ 0 \\ \vdots \\ 0 \end{bmatrix}, \tag{8.36}$$

$$A\lambda - y = g, \tag{8.37}$$

$$\lambda_i \geqslant 0, \quad i \in I, \tag{8.38}$$

$$t_i \lambda_i = 0, \quad i \in I, \tag{8.39}$$

$$t_i \geqslant 0, \quad i \in I. \tag{8.40}$$

由定理 8.1.3 可知 (8.36)—(8.40) 等价于

$$\max \quad b^{\mathrm{T}}\lambda - \frac{1}{2}y^{\mathrm{T}}H^{-1}y = \bar{Q}(\lambda, y), \tag{8.41}$$

$$\text{s.t.} \quad A\lambda - y = g, \tag{8.42}$$

$$\lambda_i \geqslant 0, \quad i \in I. \tag{8.43}$$

由于问题 (8.41)—(8.43) 与问题 (8.1)—(8.3) 等价, 称 (8.41)—(8.43) 为 (8.1)—(8.3) 的对偶问题, 称 (8.1)—(8.3) 为原始问题. 利用 (8.34), 可将问题 (8.41)—(8.43) 简化成如下形式

$$\min_{\lambda \in \mathbf{R}^m} -(b + A^{\mathrm{T}}H^{-1}g)^{\mathrm{T}}\lambda + \frac{1}{2}\lambda^{\mathrm{T}}(A^{\mathrm{T}}H^{-1}A)\lambda, \tag{8.44}$$

$$\text{s.t.} \lambda_i \geqslant 0, \ i \in I. \tag{8.45}$$

假定 (λ, y) 是对偶问题 (8.41)—(8.43) 的可行点, x 是原始问题 (8.1)—(8.3) 的可行点, 则有

$$\begin{aligned} Q(x) - \bar{Q}(\lambda, y) &= x^{\mathrm{T}}[A\lambda - y] + \frac{1}{2}x^{\mathrm{T}}Hx \\ &\quad - \left[\lambda^{\mathrm{T}}A^{\mathrm{T}}x - \sum_{i \in I}\lambda_i t_i - \frac{1}{2}y^{\mathrm{T}}H^{-1}y\right] \\ &= \sum_{i \in I}\lambda_i t_i + \frac{1}{2}[x^{\mathrm{T}}Hx + y^{\mathrm{T}}H^{-1}y - 2x^{\mathrm{T}}y], \end{aligned} \tag{8.46}$$

其中 t_i 由 (8.35) 定义. 由于 H 正定, 显然有

$$Q(x) \geqslant \bar{Q}(\lambda, y). \tag{8.47}$$

从 (8.46) 式还看出, (8.47) 式两边相等当且仅当

$$\sum_{i \in I}\lambda_i(a_i^{\mathrm{T}}x - b_i) = 0, \tag{8.48}$$

$$x = H^{-1}y. \tag{8.49}$$

(8.49) 等价于 (8.28), 因为 x 是可行点, (8.48) 与 (8.31) 等价. 于是我们已经证明了下面的定理.

定理 8.2.1 设 H 正定, 如果原始问题有可行点, 则 $x^* \in X$ 是问题 (8.1)—(8.3) 的解当且仅当存在 (λ^*, y^*) 是对偶问题 (8.41)—(8.43) 之解且 $x^* = H^{-1}y^*$ 以及 λ^* 是原问题在 x^* 处的 Lagrange 乘子.

对于原始问题无可行点的情形, 我们有下列结果.

定理 8.2.2 设 H 正定, 则原始问题有可行点当且仅当对偶问题无界.

证明 如果原始问题有可行点, 由 (8.47) 式可知对偶问题的目标函数在满足 (8.42)—(8.43) 的集合上一致有上界.

现假设原始问题无可行点, 于是

$$(a_i^{\mathrm{T}}, b_i)\widetilde{x} = 0, \quad i \in E, \tag{8.50}$$

$$(a_i^{\mathrm{T}}, b_i)\widetilde{x} \geqslant 0, \quad i \in I, \tag{8.51}$$

$$(0, \cdots, 0, 1)\widetilde{x} < 0. \tag{8.52}$$

在 $\widetilde{x} \in \mathbf{R}^{n+1}$ 上无解. 由 Farkas 引理即知存在 $\bar{\lambda}_i(i = 1, \cdots, m)$ 使得

$$\sum_{i=1}^{m} \bar{\lambda}_i a_i = 0, \tag{8.53}$$

$$\sum_{i=1}^{m} \bar{\lambda}_i b_i = 1, \tag{8.54}$$

$$\bar{\lambda}_i \geqslant 0, \quad i \in I. \tag{8.55}$$

令 $\lambda_i = t\bar{\lambda}_i, y = -g$, 当 $t \to +\infty$ 时有

$$\bar{Q}(\lambda, y) = t \to +\infty.$$

而且对一切 $t > 0, \lambda = (t\bar{\lambda}_1, \cdots, t\bar{\lambda}_m)$ 和 $y = -g$ 满足约束条件 (8.42) 和 (8.43). 所以对偶问题无界. □

原始问题的 Lagrange 函数

$$L(x, \lambda) = Q(x) - \sum_{i=1}^{m} \lambda_i (a_i^{\mathrm{T}} x - b_i) \tag{8.56}$$

与对偶问题也是有着密切联系的. 不难看出, 求解 (8.28)—(8.32) 等价于求函数 $L(x, \lambda)$ 在区域 $\{(x, \lambda)|\lambda_i \geqslant 0,\ i \in I\}$ 上的稳定点. 由于 $L(x, \lambda)$ 的 Hesse 阵为

$$\nabla^2 L(x, \lambda) = \begin{bmatrix} H & -A \\ -A^{\mathrm{T}} & 0 \end{bmatrix}, \tag{8.57}$$

利用恒等式

$$\begin{bmatrix} I & 0 \\ A^{\mathrm{T}} H^{-1} & I \end{bmatrix} \nabla^2 L(x, \lambda) \begin{bmatrix} I & H^{-1} A \\ 0 & I \end{bmatrix} = \begin{bmatrix} H & 0 \\ 0 & A^{\mathrm{T}} H^{-1} A \end{bmatrix} \tag{8.58}$$

可知 $\nabla^2 L$ 恰恰有 n 个正特征值, 而且它的负特征值的个数正好为 A 的秩. 所以, $L(x,\lambda)$ 的稳定点一般是一个鞍点.

事实上, 对任何 $x \in X$ 有

$$\max_{\lambda \in \Lambda} L(x,\lambda) = Q(x), \tag{8.59}$$

这里 Λ 是对偶问题 (8.44)—(8.45) 的可行域, 即

$$\Lambda = \{\lambda \in \mathbf{R}^m | \lambda_i \geqslant 0,\ i \in I\}. \tag{8.60}$$

对任何 $\lambda \in \Lambda$, 我们有

$$y = A\lambda - g, \tag{8.61}$$

则 (λ, y) 是对偶问题 (8.41)—(8.43) 的可行点, 而且有

$$\min_{x \in \mathbf{R}^n} L(x,\lambda) = b^{\mathrm{T}}\lambda - \frac{1}{2} y^{\mathrm{T}} H^{-1} y = \bar{Q}(\lambda, y). \tag{8.62}$$

设 (x^*, λ^*) 是 (8.28)—(8.32) 的解, 令 $y^* = A\lambda^* - g$, 则知 (λ^*, y^*) 是问题 (8.41)—(8.43) 的可行点, 于是对任何 $x^* \in \mathbf{R}^n$ 和任何 $\lambda \in \Lambda$ 都有

$$\begin{aligned} L(x,\lambda^*) &\geqslant \bar{Q}(\lambda^*, y^*) \\ &= L(x^*,\lambda^*) = Q(x^*) \geqslant L(x^*,\lambda), \end{aligned} \tag{8.63}$$

故知 (x^*, λ^*) 是 $L(x,\lambda)$ 的鞍点. 反之, 如果

$$L(x,\lambda^*) \geqslant L(x^*,\lambda^*) \geqslant L(x^*,\lambda) \tag{8.64}$$

对一切 $x \in X$ 和一切 $\lambda \in \Lambda$ 都成立, 则知

$$-(\lambda - \lambda^*)^{\mathrm{T}}(A^{\mathrm{T}}x^* - b) > 0 \tag{8.65}$$

$$\lambda_i \geqslant 0, \quad i \in I \tag{8.66}$$

无解. 利用 Farkas 引理即知 x^* 必是原始问题的可行解. 由 (8.64) 有 $L(x^*,\lambda^*) \geqslant L(x^*,0)$, 故知

$$\sum_{i=1}^{m} \lambda_i^*(a_i^{\mathrm{T}}x^* - b_i) \leqslant 0. \tag{8.67}$$

如果 $\lambda^* \in \Lambda$, 则从 (8.64) 和 (8.67) 可证

$$\begin{aligned} Q(x) &= L(x,\lambda^*) + \sum_{i=1}^{m} \lambda_i^*(a_i^{\mathrm{T}}x^* - b_i) \\ &\geqslant L(x,\lambda^*) \geqslant L(x^*,\lambda^*) \\ &= Q(x^*) - \sum_{i=1}^{m} \lambda_i^*(a_i^{\mathrm{T}}x^* - b_i) \geqslant Q(x^*) \end{aligned} \tag{8.68}$$

对一切 $x \in X$ 都成立. 于是 x^* 是原始问题的极小点. 因此, 我们得到了如下结果.

定理 8.2.3 设 H 正定, 则 $x^* \in X$ 是原始问题的极小点当且仅当存在 $\lambda^* \in \Lambda$ 使得对一切 $x \in X$ 和一切 $\lambda \in \Lambda$ 都有 (8.64) 成立.

8.3 等式约束问题

等式约束的二次规划问题可写成

$$\min_{x \in \mathbf{R}^n} Q(x) = g^{\mathrm{T}} x + \frac{1}{2} x^{\mathrm{T}} H x, \tag{8.69}$$

$$\text{s.t.} \quad A^{\mathrm{T}} x = b, \tag{8.70}$$

其中 $g \in \mathbf{R}^n, b \in \mathbf{R}^m, A \in \mathbf{R}^{m+n}, H \in \mathbf{R}^{n \times n}$ 且 H 是对称的, 不失一般性, 假定秩 $(A) = m$.

首先, 我们介绍变量消去法. 假定我们已找到变量 x 的一分解 $x = (x_B \quad x_N)^{\mathrm{T}}$. 其中 $x_B \in \mathbf{R}^m$, $x_N \in \mathbf{R}^{n-m}$; 且对应的分解 $A = \begin{bmatrix} A_B \\ A_N \end{bmatrix}$ 使得 A_B 可逆. 利用这一分解, 约束条件 (8.70) 可写成

$$A_B^{\mathrm{T}} x_B + A_N^{\mathrm{T}} x_N = b. \tag{8.71}$$

由于 A_B^{-1} 存在, 故知

$$x_B = (A_B^{-1})^{\mathrm{T}} (b - A_N^{\mathrm{T}} x_N). \tag{8.72}$$

将 (8.72) 代入 (8.69) 就得到 (8.69)—(8.70) 的一个等价形式,

$$\min_{x_N \in \mathbf{R}^{n-m}} \hat{g}_N^{\mathrm{T}} x_N + \frac{1}{2} x_N^{\mathrm{T}} \hat{H}_N x_N, \tag{8.73}$$

其中

$$\hat{g}_N = g_N - A_N A_B^{-1} g B + [H_{NB} - A_N A_B^{-1} H_{BB}] (A_B^{-1})^{\mathrm{T}} b, \tag{8.74}$$

$$\hat{H}_N = H_{NN} - H_{NB} (A_B^{-1})^{\mathrm{T}} A_N^{\mathrm{T}} - A_N A_B^{-1} H_{BN} + A_N A_B^{-1} H_{BB} (A_B^{-1})^{\mathrm{T}} A_N^{\mathrm{T}}, \tag{8.75}$$

以及

$$g = \begin{bmatrix} g_B \\ g_N \end{bmatrix}, \tag{8.76}$$

$$H = \begin{bmatrix} H_{BB} & H_{BN} \\ H_{NB} & H_{NN} \end{bmatrix} \tag{8.77}$$

是与 $x = (x_B x_N)^{\mathrm{T}}$ 相应的分解.

如果 $\hat{H}_n$ 正定, 则显然 (8.73) 的解由

$$x_N^* = -\hat{H}_N^{-1}\hat{g}_N \tag{8.78}$$

唯一地给出. 这里, 问题 (8.69)—(8.70) 的解为

$$x^* = \begin{bmatrix} x_B^* \\ x_N^* \end{bmatrix} = \begin{bmatrix} (A_B^{-1})^{\mathrm{T}}b \\ 0 \end{bmatrix} + \begin{bmatrix} (A_B^{-1})^{\mathrm{T}}A_N^{\mathrm{T}} \\ -I \end{bmatrix} \hat{H}_N^{-1}\hat{g}_N. \tag{8.79}$$

设在解 x^* 处的 Lagrange 乘子为 λ^*, 则有

$$g + Hx^* = A\lambda^*. \tag{8.80}$$

从而可知

$$\lambda^* = A_B^{-1}[g_B + H_{BB}x_B^* + H_{BN}x_N^*]. \tag{8.81}$$

$$\min Q(x) = x_1^2 - x_2^2 - x_3^2, \tag{8.82}$$

$$\text{s.t.} \quad x_1 + x_2 + x_3 = 1, \tag{8.83}$$

$$x_2 - x_3 = 1. \tag{8.84}$$

由 (8.84), 可得 x_2 表示为

$$x_2 = x_3 + 1. \tag{8.85}$$

将上式代入 (8.83), 得到

$$x_1 = -2x_3. \tag{8.86}$$

式 (8.85)—(8.86) 实质上就是在变量分解 $x_B = (x_1x_2), x_N = x_3$ 下所得到的 (8.72). 将 (8.85)—(8.86) 代入 (8.82) 就得到

$$\min_{x_3\in\mathbf{R}} 4x_3^2 - (x_3+1)^2 - x_3^2. \tag{8.87}$$

从上式可得 $x_3 = \dfrac{1}{2}$, 将其代入 (8.85)—(8.86) 就得到了 (8.82)—(8.84) 之解 $\left(-1, \dfrac{3}{2}, \dfrac{1}{2}\right)$. 利用 $g^* = A\lambda^*$ 就可得到

$$\begin{pmatrix} -2 \\ -3 \\ -1 \end{pmatrix} = \begin{pmatrix} 1 & 0 \\ 1 & 1 \\ 1 & -1 \end{pmatrix} \begin{pmatrix} \lambda_1^* \\ \lambda_2^* \end{pmatrix}. \tag{8.88}$$

从上式可求得 Lagrange 乘子 $\lambda_1^* = -2, \lambda_2^* = -1$.

如果在经过变量消去后的问题 (8.73) 中 $\hat{H}_N$ 是半正定的, 则在

$$(I-\hat{H}_N\hat{H}_N^+)\hat{g}_N=0 \tag{8.89}$$

时, 问题 (8.73) 有界, 且它的解可表示为

$$x_N^*=-\hat{H}_N^+\hat{g}_N+(I-\hat{H}_N^+\hat{H}_N)\tilde{x}. \tag{8.90}$$

其中 $\tilde{x}\in\mathbf{R}^{n-m}$ 是任何向量, H^+ 表示 H 的广义逆矩阵. 在这种情形下, 原问题 (8.69)—(8.70) 的解可用 (8.90) 和 (8.72) 给出. 如果 (8.89) 不成立, 不难发现问题 (8.73) 无下界, 从而原问题 (8.69)—(8.71) 也无下界.

如果 $\hat{H}_N$ 有负特征值, 则很显然 (8.73) 无下界, 故知此时问题 (8.69) 和 (8.70) 不存在有限解.

消去法思想简单明了, 但它的不足之处是 A_B 可能接近一奇异阵, 从而利用 (8.79) 求解 x^* 可能导致数值不稳定.

消去法的一个直接推广是广义消去法. 设 $y_1,\cdots,y_m$ 是域空间 Range(A) 中的一组线性无关的向量, $z_1,\cdots,z_{n-m}$ 是零空间 Null(A^{T}) 中的一组线性无关向量. 记

$$Y=[y_1,\cdots,y_m], \tag{8.91}$$

$$Z=[z_1,\cdots,z_{n-m}]. \tag{8.92}$$

则不难看出, $A^{\mathrm{T}}Y$ 非奇异, $A^{\mathrm{T}}Z=0$. 令

$$x=Y\tilde{x}+Z\hat{x}, \tag{8.93}$$

则从约束条件 (8.70) 即知

$$b=A^{\mathrm{T}}x=A^{\mathrm{T}}Y\tilde{x}. \tag{8.94}$$

所以问题 (8.69)—(8.70) 的可行点可表示为

$$x=Y(A^{\mathrm{T}}Y)^{-1}b+Z\hat{x}, \tag{8.95}$$

其中 $\hat{x}\in\mathbf{R}^{n-m}$ 是自由变量. 将 (8.95) 代入 (8.69) 就得到

$$\min_{\hat{x}\in\mathbf{R}^{n-m}}(g+HY(A^{\mathrm{T}}Y)^{-1}b)^{\mathrm{T}}Z\hat{x}+\frac{1}{2}\hat{x}^{\mathrm{T}}Z^{\mathrm{T}}HZ\hat{x}. \tag{8.96}$$

假定 $Z^{\mathrm{T}}HZ$ 正定, 则从上式可求得解

$$\hat{x}^*=-(Z^{\mathrm{T}}HZ)^{-1}Z^{\mathrm{T}}(g+HY(A^{\mathrm{T}}Y)^{-1}b). \tag{8.97}$$

利用 (8.97) 和 (8.95) 就可得到原问题 (8.69) 和 (8.70) 之解

$$
\begin{aligned}
x^* &= Y(A^{\mathrm{T}}Y)^{-1}b - Z(Z^{\mathrm{T}}HZ)^{-1}Z^{\mathrm{T}}(g + HY(A^{\mathrm{T}}Y)^{-1}b) \\
&= (I - Z(Z^{\mathrm{T}}HZ)^{-1}Z^{\mathrm{T}}H)Y(A^{\mathrm{T}}Y)^{-1}b - Z(Z^{\mathrm{T}}HZ)^{-1}Z^{\mathrm{T}}g.
\end{aligned} \tag{8.98}
$$

于是, 相应的 Lagrange 乘子可表示为

$$
\begin{aligned}
\lambda^* &= (A^{\mathrm{T}}Y)-T)Y^{\mathrm{T}}[g + Hx^*] \\
&= (A^{\mathrm{T}}Y)^{-T}Y^{\mathrm{T}}[Pg + HP^{\mathrm{T}}Y(A^{\mathrm{T}}Y)^{-1}b],
\end{aligned} \tag{8.99}
$$

其中

$$
P = I - HZ(Z^{\mathrm{T}}HZ)^{-1}Z^{\mathrm{T}} \tag{8.100}
$$

是一个从 $\mathbf{R}^n$ 到 Range(A) 的仿射映照. 如果 Y 适当选取, 我们可使

$$
A^{\mathrm{T}}Y = I. \tag{8.101}
$$

此时, (8.98) 和 (8.99) 变成

$$
x^* = P^{\mathrm{T}}Yb - Z(Z^{\mathrm{T}}HZ)^{-1}Z^{\mathrm{T}}g, \tag{8.102}
$$

$$
\lambda^* = Y^{\mathrm{T}}[Pg + HP^{\mathrm{T}}Yb]. \tag{8.103}
$$

从 (8.95) 可知, (8.69) 和 (8.70) 的可行域是一个与 Null(A^{T}) 平行的子空间. 广义消去法正是利用 Z 中的列向量 $Z_i(i = 1, \cdots, n-m)$ 作为基向量, 将二次函数 $Q(x)$ 在子空间求极小化转化成子空间上的一个无约束二次函数极小问题 (8.96). 所以, 称矩阵 $Z^{\mathrm{T}}HZ$ 为既约 Hesse 阵. 称向量 $Z^{\mathrm{T}}(g + HY(A^{\mathrm{T}}Y)^{-1})b$ 为既约梯度.

显然消去法是广义消去法在

$$
Y = \begin{bmatrix} A_B^{-1} \\ 0 \end{bmatrix}, \tag{8.104}
$$

$$
Z = \begin{bmatrix} -A_B^{-\mathrm{T}}A_N^{\mathrm{T}} \\ I \end{bmatrix} \tag{8.105}
$$

时的特殊情形.

另一种特殊情形是基于 A 的 QR 分解. 设

$$
A = Q\begin{bmatrix} R \\ 0 \end{bmatrix} = [Q_1 \quad Q_2]\begin{bmatrix} R \\ 0 \end{bmatrix}, \tag{8.106}
$$

其中 Q 是正交阵, R 是非奇异的上三角阵. 可取

$$Y=(A_+)^{\mathrm{T}}=Q_1R^{-\mathrm{T}}, \tag{8.107}$$

$$Z=Q_2. \tag{8.108}$$

对于任何满足 (8.101) 以及 $A^{\mathrm{T}}Z=0$ 的 Y 和 Z, 我们有

$$A^{\mathrm{T}}[Y\quad Z]=[I\quad O], \tag{8.109}$$

只要 Z 是非奇异的, 则显然 $[Y\quad Z]$ 也非奇异, 而且存在 $V\in\mathbf{R}^{n\times(n-m)}$ 使得

$$[Y\quad Z]=\begin{bmatrix}A^{\mathrm{T}}\\ V^{\mathrm{T}}\end{bmatrix}^{-1}. \tag{8.110}$$

反过来, 只要 $[A\quad V]$ 可逆, 则由 (8.110) 定义的 Y 和 Z 满足 $A^{\mathrm{T}}Z=0, A^{\mathrm{T}}Y=I$.

解等式约束二次规划问题的 Lagrange 方法是基于求解可行域内的 K-T 点, 即 Lagrange 函数的稳定点. 对于问题 (8.69) 和 (8.70), 求解 Lagrange 函数稳定点就是求解线性方程组

$$g+Hx=A\lambda, \tag{8.111}$$

$$A^{\mathrm{T}}x=b. \tag{8.112}$$

可得上两式写成如下矩阵形式:

$$\begin{bmatrix}H & -A\\ -A^{\mathrm{T}} & O\end{bmatrix}\begin{bmatrix}x\\ \lambda\end{bmatrix}=-\begin{bmatrix}g\\ b\end{bmatrix}. \tag{8.113}$$

设矩阵

$$\begin{bmatrix}H & -A\\ -A^{\mathrm{T}} & O\end{bmatrix} \tag{8.114}$$

可逆, 则存在矩阵 $U\in\mathbf{R}^{n\times n}, W\in\mathbf{R}^{n\times m}, T\in\mathbf{R}^{n\times n}$ 使得

$$\begin{bmatrix}U & W\\ W^{\mathrm{T}} & T\end{bmatrix}=\begin{bmatrix}H & -A\\ -A^{\mathrm{T}} & O\end{bmatrix}^{-1}, \tag{8.115}$$

从而可求得 (8.113) 的唯一解

$$x^*=-Ug-Wb, \tag{8.116}$$

$$\lambda^*=-W^{\mathrm{T}}g-Tb. \tag{8.117}$$

只要矩阵 (8.114) 可逆, 则 (8.115) 唯一确定, 因而 Lagrange 函数的稳定点也由 (8.116) 和 (8.117) 唯一地确定. 但 U, W, T 的表达形式有不少方式, 所以可导出不同形式的计算公式 (8.116) 和 (8.117).

当 H 可逆, A 列满秩时, 则 $(A^{\mathrm{T}}H^{-1}A)^{-1}$ 存在, 不难验证

$$U = H^{-1} - H^{-1}A(A^{\mathrm{T}}H^{-1}A)^{-1}A^{\mathrm{T}}H^{-1}, \tag{8.118}$$

$$W = -H^{-1}A(A^{\mathrm{T}}H^{-1}A)^{-1}, \tag{8.119}$$

$$T = -(A^{\mathrm{T}}H^{-1}A)^{-1}. \tag{8.120}$$

于是得到求解等式二次规划的公式:

$$x^* = -H^{-1}g + H^{-1}A(A^{\mathrm{T}}H^{-1}A)^{-1}[A^{\mathrm{T}}H^{-1}g + b], \tag{8.121}$$

$$\lambda^* = (A^{\mathrm{T}}H^{-1}A)^{-1}[A^{\mathrm{T}}H^{-1}g + b]. \tag{8.122}$$

如果 Y, Z 由 (8.110) 定义, 且 $Z^{\mathrm{T}}HZ$ 可逆, 则可证矩阵 (8.114) 可逆而且有

$$U = Z(Z^{\mathrm{T}}HZ)^{-1}Z^{\mathrm{T}}, \tag{8.123}$$

$$W = -P^{\mathrm{T}}Y, \tag{8.124}$$

$$T = -Y^{\mathrm{T}}HP^{\mathrm{T}}Y, \tag{8.125}$$

其中 P 由 (8.100) 定义. 将 (8.123)—(8.125) 代入 (8.116) 和 (8.117) 就得到了求解公式 (8.102) 和 (8.103). 从而看出 Lagrange 方法和广义消去法的等价性.

8.4 积极集法

积极集法是通过求解有限个等式约束二次规划问题来解决一般约束下的二次规划问题. 直观上, 不积极的不等式约束在解的附近不起任何作用, 可以去掉不考虑; 而积极的不等式约束, 由于它在解处等于零, 故可以用等式约束来代替不等式约束. 积极集法的理论基础是下面的引理.

引理 8.4.1 设 x^* 是二次规划问题 (8.1.1)—(8.1.3) 的局部极小点, 则 x^* 也必是问题

$$\min_{x\in\mathbf{R}^n} g^{\mathrm{T}}x + \frac{1}{2}x^{\mathrm{T}}Hx, \tag{8.126}$$

$$\text{s.t.} \quad a_i^{\mathrm{T}}x = b_i, \quad i \in E \cup I(x^*) \tag{8.127}$$

的局部极小点. 反之, 如果 x^* 是 (8.1.1)—(8.1.3) 的可行点, 且是问题 (8.126) 和 (8.127) 的 K-T 点, 而且相应的 Lagrange 乘子 λ^* 满足

$$\lambda_i^* \geqslant 0, \quad i \in I(x^*), \tag{8.128}$$

则 x^* 也是原问题 (8.1.1)—(8.1.3) 的 K-T 点.

证明　由于在 x^* 点附近, (8.127) 的可行点也必是 (8.1.1)—(8.1.3) 的可行点, 所以显然当 x^* 是问题 (8.1.1)—(8.1.3) 的局部极小点时, 它也是问题 (8.126) 和 (8.127) 的局部极小点.

设 x^* 是 (8.1.1)—(8.1.3) 的可行点且是 (8.126) 和 (8.127) 的 K-T 点以及存在 $\lambda_i^*(i \in I(x^*) \cup E)$ 使得

$$Hx^* + g = \sum_{i \in I(x^*) \cup E} a_i \lambda_i^*, \tag{8.129}$$

$$\lambda_i^*(a_i x^* - b_i) = 0, \quad \lambda_i^* \geqslant 0, \quad i \in I(x^*). \tag{8.130}$$

定义

$$\lambda^* = 0, \quad i \in I, i \notin I(x^*), \tag{8.131}$$

则从 (8.129)—(8.131) 可知

$$Hx^* + g = \sum_{i=1}^{m} \lambda_i^* a_i, \tag{8.132}$$

$$\lambda_i^* \geqslant 0, \lambda_i^*[a_i x^* - b_i] = 0, \quad i \in I. \tag{8.133}$$

从 (8.132) 和 (8.133) 以及 x^* 的可行性知 x^* 也是问题 (8.1.1)—(8.1.3) 的 K-T 点.

积极集法是一个可行点方法, 即每个迭代点都要求是可行点. 它每次迭代求解一个等式约束的二次规划. 如果等式二次规划之解是原约束问题的可行点则判别 (8.128) 是否满足, 如果 (8.128) 得到满足则停止计算, 否则可去掉一约束重新求解约束问题. 当等式二次规划之解不是原问题的可行点, 则需要增加约束然后重新求解等式约束问题.

在第 k 次迭代, 我们有可行点 x_k 以及一个下标集合 $S_k \subset E \cup I$, 其中 $E = \{1, \cdots, m_e\}$, $I = \{m_e + 1, \cdots, m\}$. 设 d_k 是问题

$$\min_{d \in \mathbf{R}^n} g^{\mathrm{T}}(x_k + d) + \frac{1}{2}(x_k + d)^{\mathrm{T}} H (x_k + d), \tag{8.134}$$

$$\text{s.t.} \quad a_i^{\mathrm{T}} d = 0, \quad i \in S_k \tag{8.135}$$

的 K-T 点, $\lambda_i^{(k)}(i \in S_k)$ 是相应的 Lagrange 乘子. 如果 $d_k = 0$, 则知 x_k 是问题

$$\min_{x \in \mathbf{R}^N} g^{\mathrm{T}} x + \frac{1}{2} x^{\mathrm{T}} H x, \tag{8.136}$$

$$\text{s.t.} \quad a_i^{\mathrm{T}} x = b_i, \quad i \in S_k \tag{8.137}$$

的 K-T 点. 此时, 如果 $\lambda_i^{(k)} \geqslant 0$ 对一切 $i \in S_k \cap I$ 都成立则知 x_k 也是原问题 (8.1.1)—(8.1.3) 的 K-T 点. 否则, 我们令 $i_k \in S_k \cap I$ 使得

$$\lambda_{ik}^{(k)} = \min_{i \in S_k \cap I} \lambda_i^{(k)} < 0, \tag{8.138}$$

且令 $S_k := S_k \setminus \{i_k\}$, 然后重新求解 (8.134) 和 (8.135).

设 (8.134) 和 (8.135) 的解 $d_k \neq 0$. 这时 $x_k + d_k$ 有可能不是原问题 (8.1.1)—(8.1.3) 的可行点. 我们在 x_k 和 $x_k + d_k$ 之间的线段上取靠 $x_k + d_k$ 最近的可行点作为下次迭代的迭代点 x_{k+1}. 也就是说

$$x_{k+1} = x_k + \alpha_k d_k, \tag{8.139}$$

其中

$$\alpha_k = \min\left\{1, \min_{i \notin S_k, \alpha_i^{\mathrm{T}} d_k < 0} \frac{b_i - a_{ix_k}}{a_i^{\mathrm{T}} d_k}\right\}. \tag{8.140}$$

下面, 我们给出积极集法的主要步骤.

算法 8.4.1

第一步 给出可行点 x_1, 令 $S_1 = E \cup I(x_1) k := 1$.

第二步 求解 (8.134) 和 (8.135) 得出 d_k;

如果 $d_k \neq 0$ 则转第三步;

如果 $\lambda_i^{(k)} \geqslant 0 (i \in S_k \cap I)$ 则停;

由 (8.138) 求得 i_k;

$S_k := S_k \setminus \{i_k\}, x_{k+1} = x_k$, 转第四步.

第三步 由 (8.140) 计算 α_k;

$$x_{k+1} = x_k + \alpha_k d_k; \tag{8.141}$$

如果 $\alpha_k = 1$ 则转第四步, 找到 $j \notin S_k$ 使得

$$a_j^{\mathrm{T}} (x_k + \alpha_k d_k) = b_j;$$

令 $S_k := S_k \cup \{j\}$.

第四步 $S_{k+1} := S_k; k := k + 1$; 转第二步.

从算法可知

$$x_k \in X, \tag{8.142}$$

$$Q(x_{k+1}) \leqslant Q(x_k) \tag{8.143}$$

对一切 k 都成立. 且只要 $d_k \neq 0$(x_k 不是 (8.136) 和 (8.137) 的 K-T 点) 而且 $\alpha_k > 0$, 则有

$$Q(x_{k+1}) < Q(x_k). \tag{8.144}$$

如果算法有限终止, 则所求的点必为原问题 (8.1.1)—(8.1.3) 的 K-T 点.

假定算法不有限终止, 由于只有有限多个约束, 所以 S_k 中的元素个数不可能无穷次增加而不减少, 故必有无穷多个 k 使得 $d_k = 0$. 于是有无穷多个 k 使得 x_k

是 (8.136) 和 (8.137) 的 K-T 点. 由于只有有限多个约束, S_k 只可能有有限个不同的集合. 于是必存在 k_0 使得

$$Q(x_{k+1}) = Q(x_k) \tag{8.145}$$

对一切 $k \geqslant k_0$ 都成立. 所以对任一 $k \geqslant k_0$

$$\alpha_k = 0 \tag{8.146}$$

与

$$d_k = 0 \tag{8.147}$$

两者必有一个成立. 由于约束个数的有限性, 算法不可能只增加约束而不减少约束, 也不可能只减少约束而不增加约束. 所以, 必定有无穷多个 k 使得

$$d_k \neq 0 \tag{8.148}$$

成立, 也有无穷多个 k 使得 (8.147) 成立. 所以存在 $k_2 > k_1 > k_0$ 使得

$$d_{k_1} = 0, \tag{8.149}$$

$$d_{k_2} = 0, \tag{8.150}$$

$$d_k \neq 0, \quad k_1 < k < k_2, \tag{8.151}$$

且 $k_2 > k_1 + 1$. 由 (8.149) 知存在 $\lambda_i^{(k_1)}$ 使得

$$g + H\bar{x} = \sum_{i \in S_{k_1}} a_i \lambda_i^{(k_1)}, \tag{8.152}$$

其中 $\bar{x} = x_{k_0}$, 由 (8.146) 和 (8.147) 知对一切 $k \geqslant k_0$ 都有 $x_k = \bar{x}$. 由于 $d_{k_1+1} \neq 0, \alpha_{k_1+1} = 0$, 必存在

$$j \notin S_{k_1+1}, \tag{8.153}$$

使得 $j \in S_{k_1+2}$, 且有

$$j \in I(\bar{x}), \tag{8.154}$$

$$a_j^{\mathrm{T}} d_{k_1+1} < 0. \tag{8.155}$$

由于 d_k 是通过求解 (8.134) 和 (8.135) 得到的, 我们有

$$(g + H\bar{x})^{\mathrm{T}} d_{k_1+1} \leqslant 0. \tag{8.156}$$

利用 (8.152), (8.156) 以及 $S_{k_1+1} = S_{k_1} \setminus \{i_{k_1}\}$ 可得

$$\lambda_{i_{k_1}}^{(k_1)} a_{i_{k_1}}^{\mathrm{T}} d_{k_1+1} \leqslant 0. \tag{8.157}$$

由 $\{i_k\}$ 的定义知 $\lambda_{i_{k_1}}^{(k_1)} < 0$, 所以

$$a_{i_{k_1}}^{\mathrm{T}} d_{k_1+1} \geqslant 0. \tag{8.158}$$

比较 (8.155)—(8.158) 即知 $j \neq i_{k_1}$. 因此, 从 (8.153) 可得 $j \notin S_{k_1}$.

另一方面, 显然有 $j \in S_{k_1+2} \subseteq S_{k_2}$. 故我们有 $S_{k_2} \neq S_{k_1}$, 从而可知, $\bar{x}$ 是两个不同的等式约束优化的 K-T 点, 但在这两种情形下, (8.128) 式不满足. 这种情况, 我们称之为退化, 它可能导致算法无穷循环. 这种退化情形与线性规划的退化情形相似.

从上面的分析可知, 如果退化发生, 则在 $\bar{x}$ 处, $a_i(i \in E \cup I(\bar{x}))$ 必线性相关. 于是有以下定理.

定理 8.4.1 设点列 x_k 由算法 8.4.1 产生, 如果对任何 k 都有

$$a_i(i \in E \cup I(x_k)) \tag{8.159}$$

线性无关, 则算法必有限终止于问题 (8.1.1)—(8.1.3) 的 K-T 点或者原问题无下界.

证明 设原问题有界, 故 $\{x_k\}$ 必有界. 假定算法 8.4.1 不有限终止, 从上面的分析知存在 k_0 使得 $x_k = \bar{x}(\forall k \geqslant k_0)$. 记 $k_0 \leqslant k_1 < k_2 < \cdots$ 是所有使 $d_k = 0$ 的下标集合. 如果存在

$$k_{j+1} = k_j + 1, \tag{8.160}$$

则由 $i_{\{k_j\}} \in S_{k_j}$ 但 $i_{\{k_j\}} \notin S_{k_j+1}$ 可知

$$a_i \quad (i \in S_{k_j})$$

是线性相关的, 这与 (8.159) 线性无关相矛盾. 所以有

$$k_{j+1} > k_j + 1 \tag{8.161}$$

对一切 j 都成立. 根据 S_k 的构造, (8.161) 表明 $S_{k_{j+1}}$ 中元素个数不少于 S_{k_j} 中的个数. 由于约束个数有限, 所以对一切充分大的 j 有

$$k_{j+1} = k_j + 2. \tag{8.162}$$

从 (8.162) 式可证

$$i_{\{k_j\}} \notin S_{\{k_{j+1}\}}. \tag{8.163}$$

于是可得

$$a_i \quad (i \in S_{\{k_j\}} \cup S_{\{k_{j+1}\}}) \tag{8.164}$$

必线性相关. 这与 (8.159) 相矛盾.

从 8.3 节的结果可知, 如果 H 在 S_k 上不正定, 则问题 (8.134) 和 (8.135) 可能无下界, 即可求得方向 d_k 使得 $a_i^{\mathrm{T}} d_k = 0 (\forall i \in S_k)$ 且有

$$d_k^{\mathrm{T}} H d_k < 0, \tag{8.165}$$

或者

$$(g + Hx_k)^{\mathrm{T}} d_k < 0, d_k^{\mathrm{T}} H d_k = 0. \tag{8.166}$$

如果对一切 $i \in S_k$ 均有 $a_i^{\mathrm{T}} d_k \geqslant 0$, 则可看出原问题 (8.1.1)—(8.1.3) 也无下界. 否则, 我们可找到 $i \notin S_k$ 且 $a_i^{\mathrm{T}} d_k < 0$. 于是当 $\alpha > 0$ 充分大时 $x_k + \alpha d_k$ 必不是 (8.1.1)—(8.1.3) 的可行点. 在这种情形下, 我们可取 α_k 尽可能大且 $x_k + \alpha_k d_k$ 是可行点.

算法 8.4.2　需要一个可行的初始点, 这等价于求解线性系统

$$A_1^{\mathrm{T}} x = b_1, \tag{8.167}$$

$$A_1^{\mathrm{T}} x \geqslant b_2. \tag{8.168}$$

8.5 对偶方法

对于凸的二次规划问题:

$$\min_{x \in \mathbf{R}^n} g^{\mathrm{T}} x + \frac{1}{2} x^{\mathrm{T}} H x = Q(x) \tag{8.169}$$

$$\text{s.t.} a_i^{\mathrm{T}} x = b_i, \quad i \in E; \tag{8.170}$$

$$a_i^{\mathrm{T}} x \geqslant b_i, \quad i \in I, \tag{8.171}$$

其中 H 对称正定, 从 8.2 节我们知它的对偶问题为

$$\min_{\lambda \in \mathbf{R}^m} -(b + AH^{-1} g)^{\mathrm{T}} \lambda + \frac{1}{2} \lambda^{\mathrm{T}} (A^{\mathrm{T}} H^{-1} A) \lambda, \tag{8.172}$$

$$\text{s.t.} \lambda_i \geqslant 0, \quad i \in I. \tag{8.173}$$

考虑 (8.172) 和 (8.173) 应用积极集法, 每次迭代我们求解 λ_k 它是

$$\min_{\lambda \in \mathbf{R}^m} -(b + A^{\mathrm{T}} H^{-1} g)^{\mathrm{T}} \lambda + \frac{1}{2} \lambda^{\mathrm{T}} (A^{\mathrm{T}} H^{-1} A) \lambda, \tag{8.174}$$

$$\text{s.t.} \quad \lambda_i = 0, i \in \bar{S}_k \tag{8.175}$$

的 K-T 点, 其中 $\bar{S}_k \subseteq I$ 是对偶问题的积极集的一个猜测. 令

$$x_k = -H^{-1}(g - A\lambda_k), \tag{8.176}$$

则知

$$Hx_k + g = A\lambda_k, \tag{8.177}$$

而且由

$$(b + A^{\mathrm{T}}H^{-1}g - A^{\mathrm{T}}H^{-1}A\lambda_k)_i = 0, \quad \forall i \notin \bar{S_K}, \tag{8.178}$$

知

$$(A^{\mathrm{T}}x_k - b)_i = 0, \quad \forall i \notin \bar{S_K}. \tag{8.179}$$

所以, x_k 是问题

$$\min_{x\in\mathbf{R}^n} g^{\mathrm{T}}x + \frac{1}{2}x^{\mathrm{T}}Hx \tag{8.180}$$

$$\text{s.t.} \quad a_i^{\mathrm{T}}x = b_i, i \notin \bar{S_K} \tag{8.181}$$

的 K-T 点. 记 $S_k = \{I \cup E\} \setminus \bar{S_k}$, 则知 (8.180) 和 (8.181) 与 (8.136) 和 (8.137) 是一样的. 不难看出, 对偶问题 (8.174) 和 (8.175) 的 Lagrange 乘子是

$$(A^{\mathrm{T}}H^{-1}A\lambda_k - b - A^{\mathrm{T}}H^{-1}g)_i = (A^{\mathrm{T}}x_k - b)_i = a_i^{\mathrm{T}}x_k - b_i, \quad i \in \bar{S_k}. \tag{8.182}$$

我们要求 λ_k 是 (8.172) 和 (8.173) 的可行点, 如果对偶问题 (8.174)—(8.175) 的 Lagrange 乘子 (8.182) 非负, 则 x_k 是原问题 (8.169)—(8.171) 的 K-T 点. 记 A_k 为向量 $a_i(i \in S_k)$ 组成的矩阵, $\bar{\lambda_k}$ 为由 λ_k 中对应于 $i \in S_k$ 的分量所组成的向量. 由 (8.178) 可知

$$b_i + a_i^{\mathrm{T}}H^{-1}g - a_i^{\mathrm{T}}H^{-1}A_k\bar{\lambda_k} = 0, \quad i \in S_k. \tag{8.183}$$

即

$$b^{(k)} + A_k^{\mathrm{T}}H^{-1}g - A_k^{\mathrm{T}}H^{-1}A_k\bar{\lambda_k} = 0, \tag{8.184}$$

其中 $b^{(k)}$ 由 b 中对应于 $i \in S_k$ 的分量所组成. 从 (8.184) 可知

$$\bar{\lambda_k} = (A_k^{\mathrm{T}}H^{-1}A_k)^{-1}[b^{(k)} + A_k^{\mathrm{T}}H^{-1}g]. \tag{8.185}$$

当 Lagrange 乘子 (8.182) 不全非负时, 由积极集方法可知, 我们应在 $\bar{S_k}$ 去掉一个下标 i_k, 也就是在 S_k 中增加一下标 i_k. 为了记号简单, 我们记 i_k 为 P. 于是有 $S_{k+1} = S_k \cup \{P\}$. 记

$$\bar{\lambda}_{k+1} = \begin{pmatrix} \bar{\lambda_k} \\ 0 \end{pmatrix} + \begin{pmatrix} \delta\lambda_k \\ \beta_k \end{pmatrix}. \tag{8.186}$$

由 (8.185) 可知

$$\begin{pmatrix} A_k^{\mathrm{T}}H^{-1}A_k & A_k^{\mathrm{T}}H^{-1}a_p \\ a_p^{\mathrm{T}}H^{-1}A_k & a_p^{\mathrm{T}}H^{-1}a_p \end{pmatrix}\begin{pmatrix} \delta\lambda_k \\ \beta_k \end{pmatrix} = \begin{pmatrix} 0 \\ b_p - a_p^{\mathrm{T}}x_k \end{pmatrix}, \tag{8.187}$$

所以有

$$\bar{\lambda}_{k+1} = \begin{pmatrix} \bar{\lambda_k} \\ 0 \end{pmatrix} + \beta_k \begin{pmatrix} -(A_k^{\mathrm{T}} H^{-1} A_k)^{-1} A_k^{\mathrm{T}} H^{-1} a_p \\ 1 \end{pmatrix}. \tag{8.188}$$

对应地

$$\begin{aligned} x_{k+1} &= x_k + H^{-1} A_{k+1} \left(\bar{\lambda}_{k+1} - \begin{bmatrix} \bar{\lambda_k} \\ 0 \end{bmatrix} \right) \\ &= x_k + \beta_k H^{-1} (I - A_k (A_k^{\mathrm{T}} H^{-1} A_k)^{-1} A_k^{\mathrm{T}} H^{-1}) a_p. \end{aligned} \tag{8.189}$$

记

$$A_k^* = (A_k^{\mathrm{T}} H^{-1} A_k)^{-1} A_k^{\mathrm{T}} H^{-1}, \tag{8.190}$$

$$y_k = A_k^* a_p. \tag{8.191}$$

由于 $\bar{\lambda}_{k+1}$ 应满足 $\bar{\lambda}_{k+1} \geqslant 0$. 从 (8.188) 和 (8.191) 知

$$0 \leqslant \beta_k \leqslant \min_{j \in S_k, (y_k)_j > 0} \frac{(\bar{\lambda_k})j}{(y_k)j}. \tag{8.192}$$

如果

$$H^{-1}(I - A_k A_k^*) a_p = 0, \tag{8.193}$$

而且 $y_k \leqslant 0$, 则知

$$(-y_k, 1)^{\mathrm{T}} (A_{k+1}^{\mathrm{T}} H^{-1} A_{k+1}) \begin{pmatrix} -y_k \\ 1 \end{pmatrix} = 0, \tag{8.194}$$

$$(-y_k, 1)^{\mathrm{T}} (b^{(k+1)} + A_{k+1}^{\mathrm{T}} H^{-1} g) = b_p - a_p^{\mathrm{T}} x_k > 0. \tag{8.195}$$

从上两式即知问题 (8.172) 和 (8.173) 无下界. 由对偶理论可知原问题 (8.169)—(8.171) 无可行点.

利用上述分析, 我们可将 Goldfarb 和 Idnani (1983) 的对偶方法叙述如下 ($m_e = 0$ 的情形)

算法 8.5.1

第一步 $x_1 = -H^{-1} g, f_1 = \frac{1}{2} g^{\mathrm{T}} x_1, S_1 = \Phi; k := 1, \bar{\lambda_1} = \Phi, q = 0.$

第二步 计算 $r_i = b_i - a_i^{\mathrm{T}} x_k, i = 1, \cdots, m$;

如果 $r_i \leqslant 0$ 则停;

令 r_p, 使得 $r_p = \max\limits_{1 \leqslant i \leqslant m} r_i$;

$\bar{\lambda_k} := \binom{\bar{\lambda_k}}{0}$.

第三步 $d_k := \hat{H}_k a_p = H^{-1}(I - A_k A_k^*) a_p; y_k := A_k^* a_p;$

如果 $\{j \mid (y_k)_j > 0, j \in S_k\}$ 非空则令

$$\alpha_k = \min_{(y_k)_j>0, j\in S_k} \frac{(\bar{\lambda_k})_j}{(y_k)_j} = \frac{(\bar{\lambda_k})_l}{(y_k)_l}, \tag{8.196}$$

否则令 $\alpha_k = \infty$.

第四步 如果 $d_k \neq 0$ 则转第五步;
如果 $\alpha_k = \infty$ 则停 (原问题无可行点);
$S_k := S_k \backslash \{l\}; q := q-1$;
$\bar{\lambda_k} := \bar{\lambda_k} + \alpha_k \binom{-y_k}{1}$;
修改 A_k^* 和 $\hat{H}_k$; 转第三步.

第五步 $\hat{\alpha} = -(b_p - a_p^{\mathrm{T}} x_k)/a_p^{\mathrm{T}} d_k$,
$\alpha_k := \min\{\alpha_k, \hat{\alpha}\}$;
$x_{k+1} := x_k + \alpha_k d_k$;
$f_{k+1} := f_k + \alpha_k a_p^{\mathrm{T}} d_k (\frac{1}{2}\alpha_k + (\bar{\lambda_k})_{q+1})$;
$\bar{\lambda}_{k+1} = \bar{\lambda_k} + \alpha_k \binom{-y_k}{1}$.

第六步 如果 $\alpha_k < \hat{\alpha}$ 则转第七步;
$S_{k+1} = S_k \cup \{p\}; q := q+1$;
计算 $\hat{H}_{k+1}$ 和 $A_{k+1}^*, k := k+1$; 转第二步.

第七步 $S_k := S_k \setminus \{l\}; q := q+1$;
从 $\bar{\lambda_k}$ 中去掉第 l 个分量, 得到新的 $\bar{\lambda_k}$;
重新计算 $\hat{H}_k$ 和 A_k^*; 转第三步.

下面给出一个利用对偶算法 8.5.1 的简单例子.

$$\min \quad \frac{1}{2}x_1^2 + \frac{1}{2}x_2^2 + \frac{1}{2}x_3^2 - 3x_2 - x_3, \tag{8.197}$$

$$\text{s.t.} \quad -x_1 - x_2 - x_3 \geqslant -1, \tag{8.198}$$

$$x_3 - x_2 \geqslant -1. \tag{8.199}$$

这个例子是问题 (8.82)—(8.84) 的修改. 它的唯一解仍然是 $\left(-1, \frac{3}{2}, \frac{1}{2}\right)$. 利用算法 8.5.1, 我们有

$$x_1 = -H^{-1}g = \begin{bmatrix} 0 \\ 3 \\ 1 \end{bmatrix}, \tag{8.200}$$

$$r_1 = -3 < 0, \tag{8.201}$$

$$r_2 = -1 < 0. \tag{8.202}$$

于是有 $p=1$, 而且

$$d_1 = H^{-1}a_p = \begin{bmatrix} -1 \\ -1 \\ -1 \end{bmatrix}. \tag{8.203}$$

因为 S_1 是空集, α_1 在第三步中为 ∞. 在第五步中有

$$\hat{\alpha} = -r_1/a_p^{\mathrm{T}} d_1 = 1. \tag{8.204}$$

于是 α_1 被置为 $\hat{\alpha}=1$ 且有

$$x_2 = x_1 + \alpha_1 d_k = \begin{bmatrix} -1 \\ 2 \\ 0 \end{bmatrix}, \tag{8.205}$$

$$\bar{\lambda}_2 = (1), \tag{8.206}$$

$$S_2 = \{1\}. \tag{8.207}$$

所以, 经过一次迭代后得到的 x_2 就是问题

$$\min \quad \frac{1}{2}x_1^2 + \frac{1}{2}x_2^2 + \frac{1}{2}x_3^2 - 3x_2 - x_3, \tag{8.208}$$

$$\text{s.t.} \quad -x_1 - x_2 - x_3 = -1 \tag{8.209}$$

的解. 在第二次迭代, 有

$$r_1 = 0, \tag{8.210}$$

$$r_2 = -1 < 0. \tag{8.211}$$

于是 $p=2$ 且

$$d_2 = H^{-1}\left(I - \begin{bmatrix} 1 \\ 1 \\ 1 \end{bmatrix} \frac{1}{3}(1 \quad 1 \quad 1)\right)\begin{bmatrix} 0 \\ -1 \\ 1 \end{bmatrix} = \begin{bmatrix} 0 \\ -1 \\ 1 \end{bmatrix}. \tag{8.212}$$

由于 $y_2 = a_2^{\mathrm{T}} a_1 = 0$, 故在第三步中有 $\alpha_2 = \infty$. 在第五步中有

$$\hat{\alpha} = -r_2/a_2^{\mathrm{T}} d_2 = \frac{1}{2}. \tag{8.213}$$

于是 $\alpha_2 := \hat{\alpha} = \dfrac{1}{2}$ 且有

$$x_3 = x_2 + \alpha_2 d_2 = \begin{bmatrix} -1 \\ -1 \\ -1 \end{bmatrix} + \frac{1}{2}\begin{bmatrix} 0 \\ -1 \\ 1 \end{bmatrix} = \begin{bmatrix} -1 \\ -\frac{3}{2} \\ \frac{1}{2} \end{bmatrix}, \tag{8.214}$$

$$\bar{\lambda}_3 = \begin{bmatrix} 1 \\ \frac{1}{2} \end{bmatrix}. \tag{8.215}$$

x_3 就是原问题 (8.197) 的解, $\bar{\lambda}_3$ 是相应的 Lagrange 乘子.

在具体计算中, Goldfarb 和 Idanani 建议用 H 的 Cholesky 分解

$$H = LL^{\mathrm{T}}, \tag{8.216}$$

以及对矩阵 $L^{-1}A_k$ 进行 QR 分解, 即

$$L^{-1}A_k = Q_k \begin{bmatrix} R_k \\ 0 \end{bmatrix}. \tag{8.217}$$

这样做比直接利用 H^{-1} 数值稳定性要好得多.

Powell 发现分解技巧 (8.216) 和 (8.217) 仍可能出现数值不稳定, 于是他建议采用

$$A_k = Q_k \begin{bmatrix} R_k \\ 0 \end{bmatrix} = [Q_k^{(1)} Q_k^{(2)}] \begin{bmatrix} R_k \\ 0 \end{bmatrix}, \tag{8.218}$$

然后考虑既约 Hesse 阵 $[Q_k^{(2)}]^{\mathrm{T}} H Q_k^{(2)}$ 的反 Cholesky 分解, 即

$$U_k U_k^{\mathrm{T}} = [Q_k^{(2)}]^{\mathrm{T}} H Q_k^{(2)}, \tag{8.219}$$

其中 U_K 是上三角阵, Powell 给出的算法每次迭代修正 $Q_k^{(1)}, R_k$ 和 U_k.

8.6 习 题

1. 求下列问题.

$$\min Q(x) = x_1^2 - x_2^2 - x_3^2,$$

$$\begin{cases} x_1 + x_2 + x_3 = 1, \\ x_2 - x_3 = 1. \end{cases}$$

2. 考虑下列 QP 问题.

$$\min V(\theta) = \theta_1^2 + \theta_1\theta_2 + \theta_2^2 - 3\theta_1,$$

$$\begin{cases} \theta_1 \geqslant 0, \\ \theta_2 \geqslant 0, \\ \theta_1 + \theta_2 \leqslant 2. \end{cases}$$

3. 用对偶算法求解.

$$\min 1/2x_1^2 + 1/2x_2^2 + 1/2x_3^2 - 3x_2 - x_3,$$

$$\begin{cases} -x_1 - x_2 - x_3 \geqslant -1, \\ x_3 - x_2 \geqslant -1. \end{cases}$$

第9章 整数规划

9.1 整数规划的一般概念

在以往介绍的线性模型与方法中, 对决策变量只限于不能取负值的连续型数值既可以是分数也可以是小数. 然而, 在许多经济管理的实际问题中, 决策变量只有取非负的整数才有实际意义. 例如, 最有调度的车辆数, 设置的销售网点数, 指派工作的人数等, 只能取离散的非负整数值. 因此, 进一步研究变量限制为取非负整数的规划问题是很有必要的.

称所有变量都限制为非负整数的数学规划为纯整数规划, 称部分变量限制为非负整数的数学规划为混合整数规划. 本章仅讨论运输条件和目标函数均为线性的整数规划问题, 即整数线性规划问题 (以下简称整数规划). 其数学模型的一般形式是:

求一组变量 $x_1, x_2, \cdots, x_n$, 使 $Z=\sum_{j=1}^{m} c_j x_j$, 达到最大值或最小值, 并满足

$$\begin{cases}\sum_{j=1}^{n} a_{ij}x_j \leqslant b_i & (i=1,2,\cdots,m)\\ x_j \geqslant 0 & (j=1,2,\cdots,m)\\ x_j\text{皆为整数或部分为整数.} \end{cases}$$

人们对整数规划感兴趣, 还因为有些经济管理中的实际问题的解必须满足逻辑条件和顺序要求等一些特殊的约束条件. 此时, 往往需引进逻辑变量 (又称 0-1 变量), 以达到表示是 (用 1 表示) 与非 (用 0 表示). 称决策变量均为 0-1 变量的整数规划为 0-1 规划. 严格地说, 整数规划问题是个非线性问题. 这是因为整数规划的可行解集合是由一些离散的非负整数格点组成, 而不是一个凸集. 迄今为止, 求解整数规划问题尚无统一的有效算法.

求解整数规划问题, 首先会想到能否先不考虑整数性约束, 而去求解相应的线性规划问题 (称其为松弛问题), 然后, 将所得的非整数最优解用舍入取整的方法得到整数规划的最优解呢? 一般地说, 用舍入取整方法得到的解不是原问题的最优解, 很可能远远偏离最优解, 甚至是非可行解. 即使是原问题的可行解, 也不会是最优解. 因此, 用舍入取整法求解整数规划是不可取的. 但由于用整数规划方法求整

数最优解需花费较多的人力和计算机时, 因此, 在处理经济活动的某些实际问题是, 如果允许目标函数值在某一误差范围内, 有时也可采用 "舍入取整" 所得的整数可行解作为原问题整数最优解的近似.

设 X^* 是原整数规划问题的最优解, X 是其松弛问题的非整数最优解, $\tilde{X}$ 是舍入取整得的整数可行解, d 为给出目标函数值的允许误差. 由于

$$c\tilde{X} \leqslant cX^* \leqslant cX,$$

所以

$$cX^* - c\tilde{X} \leqq cX - c\tilde{X}$$

当 $cX - c\tilde{X} \leqq d$ 时, 则 $\tilde{X}$ 可作为 X^* 的近似解. 其次, 能否考虑将整数规划问题所有可行的整数解完全枚举出来, 经过比较其相应的目标函数值, 从而得到最优解呢? 应该说, 此法仅在变量个数很少的情况下才实际有效, 对于变量个数稍多的整数规划问题则不适用. 为此, 有必要对不同的整数规划问题提找出有效的特殊解法. 本章在介绍整数规划的数学模型之后, 将主要介绍求解整数规划的分枝定界法、0-1 规划的隐枚举法和指派问题的匈牙利法, 最后举出经济管理活动中的几个应用实例.

9.2 整数规划问题及其数学模型

9.2.1 生产计划问题

例 9.2.1 某工厂生产 A_1, A_2 两种产品, 产品分别由 B_1, B_2 组装而成. 每件产品所用部件数量和部件的生产量限额以及产品利润由表 9.1 给出. 应如何安排 A_1, A_2 的生产数量, 该厂才能获取最大利润?

表 9.1

部件 / 产品	B_1	B_2	利润 (百元)
A_1	6	1	15
A_2	4	3	20
部件的最大生产量	25	10	

解 设 x_1, x_2 分别表示产品 A_1 和 A_2 的产量, 依题意, 该问题的数学模型是

$$\max \quad Z = 15x_1 + 20x_2,$$

$$\begin{cases} 6x_1 + 4x_2 \leqslant 25, \\ x_1 + 3x_2 \leqslant 10, \\ x_1 \geqslant 0, x_2 \geqslant 0, \text{且皆为整数}. \end{cases}$$

9.2.2 投资项目选择问题

例 9.2.2 某单位有 5 个拟选择的投资项目, 其所需投资额与期望收益如表 9.2 所示. 由于各项目之间有一定联系, A, C, E 之间必须选择一项, 且仅需选择一项; B 和 D 之间需选择, 也仅需选择一项; 又由于 C 和 D 两项目密切相关, C 的实施必须以 D 的实施为前提条件. 该单位共筹集资金 15 万元, 应选择哪些项目投资, 使期望收益最大?

表 9.2

项目	所需投资额 (万元)	期望收益 (万元)
A	6.0	10.0
B	4.0	8.0
C	2.0	7.0
D	4.0	6.0
E	5.0	9.0

解 考虑到有的项目可能被选中, 也有可能不被选中, 设决策变量 x_j $(j=1,2,3,4,5)$ 分别表示项目 A, B, C, D, E, 且定义

$$x_j=\begin{cases}1, & \text{表示项目 } j \text{ 不被选中}\\ 0, & \text{表示项目 } j \text{ 被选中}\end{cases} \quad (j=1,2,3,4,5).$$

由于项目 A, C, E 之间必须且仅需选择一项, 所以有关系式

$$x_1+x_3+x_5=1.$$

与此相同, B 和 D 之间也有类似关系式

$$x_2+x_4=1.$$

又由于项目 C 的实施要以项目 D 的实施为前提, 即选中项目 C 之前必须先选中 D, 当然也可以只选项目 D 而不选择项目 C. 换句话说, 若 $x_3=1$, 则 $x_4=1$; 而 $x_3=0$ 时, 则 $x_4=0$ 或 $x_4=1$. 于是有关系式

$$x_3 \leqslant x_4 \quad (\text{或记为} x_3-x_4 \leqslant 0).$$

对所有项目投资总额的限制条件为

$$6x_1+4x_2+2x_3+4x_4+5x_5 \leqslant 15.$$

目标函数为期望收益最大, 可表示为

$$\max \quad Z = 10x_1 + 8x_2 + 7x_3 + 6x_4 + 9x_5.$$

归纳起来, 该问题的数学模型为

$$\max \quad Z = 10x_1 + 8x_2 + 7x_3 + 6x_4 + 9x_5,$$

$$\begin{cases} x_1 + x_3 + x_5 = 1, \\ x_2 + x_4 = 1, \\ x_3 - x_4 \leqslant 0, \\ 6x_1 + 4x_2 + 2x_3 + 4x_4 + 5x_5 \leqslant 15, \\ x_j \text{皆为0或1}(j = 1, 2, \cdots, 5). \end{cases}$$

上述模型虽是一个全整数规划, 但与例 9.2.1 不同的是, 所有的决策变量只限取 0 或 1. 因此, 又是 0-1 规划. 显然, 利用 0-1 变量处理一类选择问题是非常方便的. 下面再进一步说明各种情况下的选择以及相应的数学模型. 假定现有的 m 种资源对可供选择的 n 个项目进行投资的数学模型为

求一组决策变量 $x_1, x_2, \cdots, x_n$, 使

$$Z = \sum_{j=1}^{m} c_j x_j, \tag{9.1}$$

满足

$$\sum_{j=1}^{n} a_{ij} x_j \leqslant b_i \quad (i = 1, 2, \cdots, m) \tag{9.2}$$

$$x_j = 0\text{或}1 \quad (j = 1, 2, \cdots, n), \tag{9.3}$$

其中, c_j 表示第 j 个项目获得的期望收益, a_{ij} 表示第 i 种资源投于第 j 个项目的数量, b_i 表示第 i 种资源的限量.

如果在可供选择的 $k(k \leqslant n)$ 个项目中, 必须且只能选择一项, 则在 (9.2) 中加入新的约束条件

$$\sum_{j=1}^{k} x_j = 1.$$

如果可供选择的 $k(k \leqslant n)$ 个项目是相互排斥的, 则在 (9.2) 中加入新的约束条件

$$\sum_{j=1}^{k} x_j \geqslant 1.$$

如果项目 j 的投资必须以项目 i 的投资为前提, 则在 (9.2) 中加入新的约束条件

$$x_j \leqslant x_i.$$

如果项目 i 与项目 j 要么同时被选中, 要么同时不被选中, 则在 (9.2) 中加入新的约束条件

$$x_i = x_j \quad (i \neq j).$$

如果对第 r 种资源与第 t 种资源的投资是相互排斥的, 即只允许对资源 b_r 与 b_t 中的一种进行投资, 则可将 (9.2) 中的第 r 个和第 t 个约束改写为

$$\begin{cases} \sum_{j=1}^{n} a_{rj}x_j \leqslant br + yM, & ① \\ \sum_{j=1}^{n} a_{rj}x_j \leqslant bt + (1-y)M, & ② \end{cases}$$

其中 y 为新引进的 0-1 变量, M 为充分大正数. 易见, 当 $y=0$ 时, ①式就是原来的第 r 个约束条件, 具有约束作用. 此时对②式而言, 无论 x_j 为何值, 都成立, 毫无约束作用, 这就使问题仅允许对第 r 种资源进行投资. 当 $y=1$ 时, ②式对 x_j 起到了约束作用, 而①式却成了多余的条件. 到底是满足①还是②, 则视问题在求出最优解后, y 为 0 还是 1 而定.

如果问题是要求在前 m 个约束条件中至少满足 $k\,(1<k<m)$ 个, 则可将 (9.2) 中的原约束条件修改为

$$\begin{cases} \sum_{j=1}^{n} a_{ij}x_j \leqslant b_i + (1-y_i)M \quad (i=1,2,\cdots,m), \\ \sum_{i=1}^{m} y_i \geqslant k, \end{cases}$$

其中, y_i 为 0-1 变量, M 为充分大的正数, k 为正整数. 总之, 对实际问题建立数学模型, 常可借助 0-1 变量, 使含 “非此即彼” 的、相互排斥的决策变量和约束条件寓于同一模型之中.

9.2.3　指派问题

例 9.2.3　现有 A_1, A_2, A_3, A_4 四人, 每人都能完成工作 B_1, B_2, B_3, B_4 四项中的一项. 由于各自的技术专长和对工作的熟练程度不同, 表 X 给出了各人完成每项工作的时间. 如果每项工作需安排一人且仅要一人去完成, 问如何安排四人使完成四项任务所花费的总时间最少？

9.3 分枝定界法

分枝定界法是求解整数规划问题常用的一种有效解法, 它不仅适用于求解纯整数规划问题, 同时也适用于求解混合整数规划问题, 特别是对于约束显条件较多的大型问题更示其优越性.

分枝定界法的基本思想是: 对于最大化问题, 松弛问题的最优值的就是原问题最优值的上界 $\bar{Z}$. 如果松弛问题的最优解满足整数型约束, 则它就是原问题的最优解. 否则, 就在不满足整数型约束的变量中任选一个 x_i(设它的值为 $\bar{b_i}$), 将新的约束条件 $x_i \leqslant [\bar{b_i}]$ 和 $x_i \geqslant [\bar{b_i}]+1$ 分别加入原问题中, 把原问题分枝为两个子问题, 并分别求解子问题的松弛问题. 若子问题的松弛问题的最优解满足整数性约束, 则不再分枝, 其相应的目标函数值就是原问题目标函数值的下界 $\underline{Z}$. 对不满足整数性约束的子问题, 如果需要的话, 继续按上述方法进行新的分枝, 并分别求解其相应的松弛问题. 过程中利用逐步减少 $\bar{Z}$ 或增大 $\underline{Z}$ 的技巧, 直至所有的子问题不再分枝, 从而求得原问题的最优解止.

下面以例 9.2.1 的求解来说明分枝定界法的方法步骤.

解 (1) 先不考虑整数性约束, 解原问题的松弛问题, 所得最优解为 $x_1 = 2.5, x_2 = 2.5$, 如图 9.1 中的 B 点, $\bar{Z} = 87.5$ 是原问题目标函数的上界, 并令其下界 $\underline{Z} = 0$.

(2) 在不满足整数性约束的变量 x_1, x_2 中任选一个 (譬如 $x_1 = 2.5$), 对原问题分别增加约束条件 $x_1 \leqslant 2$ 和 $x_1 \geqslant 3$, 将原问题分枝成两个子问题, 它们相应的松弛问题是问题 (1) 和问题 (2), 即

问题 (1)

$$\max\ Z = 15x_1 + 20x_2,$$
$$\begin{cases} 6x_1 + 4x_2 \leqslant 25, \\ x_1 + 3x_2 \leqslant 10, \\ x_1 \leqslant 2, \\ x_1, x_2 \geqslant 0. \end{cases}$$

问题 (2)

$$\max\ Z = 15x_1 + 20x_2,$$
$$\begin{cases} 6x_1 + 4x_2 \leqslant 25, \\ x_1 + 3x_2 \leqslant 10, \\ x_1 \geqslant 3, \\ x_1, x_2 \geqslant 0. \end{cases}$$

此时, 原问题的松弛问题的可行域被分割成两个相应的子域 R_1 和 R_2, 如图 9.1 所示. 显然, 被抛去的阴影区域内 $(2 < x_1 < 3)$ 不含有原问题的整数可行解.

(3) 不妨先求解问题 (1). 而将问题 (2) 暂时先记录下来, 待求解. 问题 (1) 的最优解, $x_1 = 2, x_2 = 2.67$ 和 $\max Z = 83.3$.

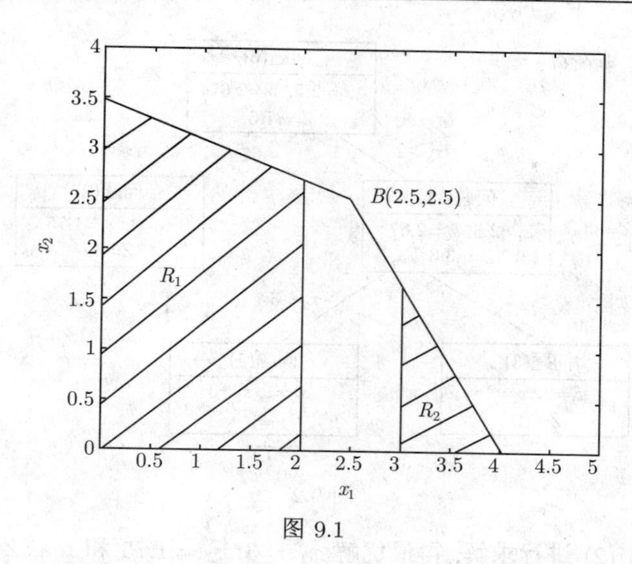

图 9.1

由于问题 (1) 的解中仍有 x_2 不是整数的, 所以, 应该对问题 (1) 分别增加新约束条件 $x_2 \leqslant 2$ 和 $x_2 \geqslant 3$, 将子问题 (1) 分枝为两个子问题, 其相应的松弛问题是问题 (3) 和问题 (4), 即

问题 (3)

$$\max\ Z = 15x_1 + 20x_2,$$

$$\begin{cases} 6x_1 + 4x_2 \leqslant 25, \\ x_1 + 3x_2 \leqslant 10, \\ x_1 \leqslant 2, \\ x_2 \leqslant 2, \\ x_1, x_2 \geqslant 0. \end{cases}$$

问题 (4)

$$\max\ Z = 15x_1 + 20x_2,$$

$$\begin{cases} 6x_1 + 4x_2 \leqslant 25, \\ x_1 + 3x_2 \leqslant 10, \\ x_1 \leqslant 2, \\ x_2 \geqslant 3, \\ x_1, x_2 \geqslant 0. \end{cases}$$

(4) 将问题 (4) 暂时先记录下来, 待求解, 并用同样的方法求解问题 (3), 得其最优解 $x_1 = 2, x_2 = 2$ 和 $\max Z = 70$. 由于最优解已经满足整数性要求, 故不再分枝. 如果再分枝, 即使求出新的整数最优解, 其最优值也不可能超过 70(因为 $Z = 70$ 是问题 (3) 相应的整数规划问题目标函数值的上界). 容易理解, 此时, $Z = 70$ 已成为原问题目标函数值的一个下界. 于是, 同时修改原问题的下界, 即 $\underline{Z} = \max\{0, 70\} = 70$.

(5) 按所记录下来求解问题的顺序, 依"后进先出"的原则, 分别进行求解. 用同样的方法对问题 (4) 进行求解, 得最优解 $x_1, x_2 = 3$ 和 $\max Z = 75$. 同理, 对问题 (4) 不再分枝, 且修改原问题的下界 $\underline{Z} = \max\{70, 75\} = 75$. 以上过程可用树形图 9.2 简明表示.

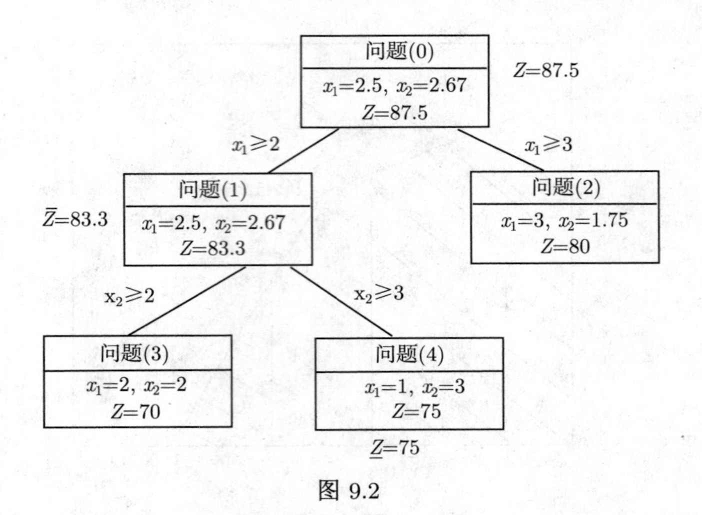

图 9.2

(6) 对问题 (2) 进行求解, 得最优解 $x_1 = 3, x_2 = 1.75$ 和 $\max Z = 80$. 由于 x_2 不满足整数性约束, 同时 $Z = 80 > \underline{Z} = 75$, 所以, 对问题 (2) 相应的整数规划问题进行分枝, 其相应的松弛问题为问题 (5) 和问题 (6).

问题 (5)

$$\max\ Z = 15x_1 + 20x_2,$$
$$\begin{cases} 6x_1 + 4x_2 \leqslant 25, \\ x_1 + 3x_2 \leqslant 10, \\ x_1 \geqslant 3, \\ x_2 \leqslant 1, \\ x_1, x_2 \geqslant 0. \end{cases}$$

问题 (6)

$$\max\ Z = 15x_1 + 20x_2,$$
$$\begin{cases} 6x_1 + 4x_2 \leqslant 25, \\ x_1 + 3x_2 \leqslant 10, \\ x_1 \geqslant 3, \\ x_2 \geqslant 2, \\ x_1, x_2 \geqslant 0. \end{cases}$$

(7) 对问题 (5) 进行求解, 得最优解 $x_1 = 3.5, x_2 = 1$ 和 $\max Z = 72.5$(图 9.3). 由于最优值 $Z = 72.5 < \underline{Z} = 75$, 所以不分枝. 因为分枝后, 新问题的最优值不可能超过当前的新下界.

(8) 对问题 (6) 进行求解, 因为无可行解, 所以不分枝.

至此, 已将所有分枝的子问题解决, 当前新的下界值相应的解是现行最好的整数可行解, 也就是原整数问题的最优解, 即

$$x_1^* = 1, \quad x_2^* = 3,$$

最优目标函数为 $Z^* = 75$.

图 9.2 每个分枝的地方, 称为节点.

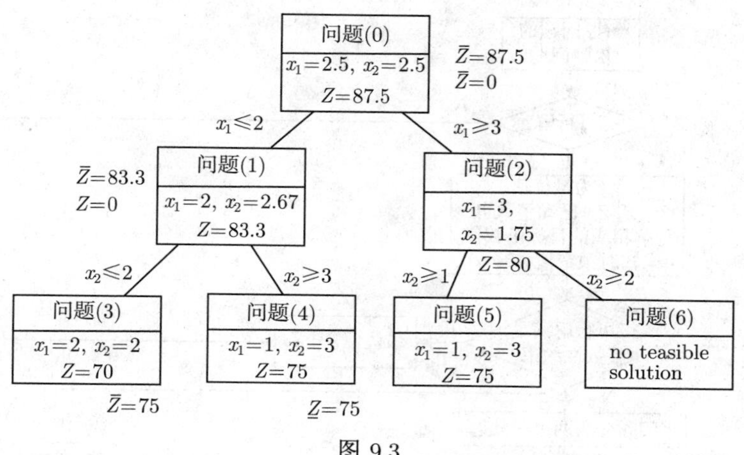

图 9.3

从上例的求解过程与分析中可以看出, 在分枝的同时, 借助于不断修改原问题目标函数值的上、下界 (对最大化问题) 的技巧, 而达到简化求解过程, 分枝定界法也因此而得名.

对于图 9.3 中的问题 (3)、(4) 和 (5) 不再分枝, 并不是说它们分枝后不可以找到新的整数可行解, 而是表明即使找出新的整数可行解也不会优于目前最好的整数可行解, 其目标函数值不会大于目前的下界值. 这些可行解已被全部隐含枚举了. 实质上, 分枝定界法是一种隐枚举法.

不难看出, 例 9.2.1 的求解过程遵循了以下分枝定界的原则.

(1) 每个松弛问题的最优值均是相应整数规划问题最优值的上界.

(2) 在求解子问题的松弛问题时,

① 若松弛问题无可行解, 则相应的子问题也无可行解相应子问题的最优解. 此时不分枝 (如图 9.3 中的问题 (6)).

② 若松弛问题的解满足整数性约束, 则此解为相应子问题的最优解, 此时不分枝. 如果目标函数值大于目前的下界值, 则修改下界值 (如图 9.3 中的问题 (3) 和 (4)).

③ 若松弛问题的解不满足整数性约束, 且目标函数值不大于目前的下界值, 则不分枝 (如图 9.3 中的问题 (5)).

④ 若松弛问题的解不满足整数性约束, 但目标函数值大于目前的下界值, 则对相应的子问题须进一步分枝 (如图 9.3 中的问题 (2)).

极大化整数规划问题的分枝界定法流程框图如图 9.4 所示.

对于记录下来待求解的子问题的松弛问题, 上面是采用 "后进先出" 的策略进行, 其目的是为了及早地得到原整数规划问题的一个可行解. 这个可行解使原整数规划问题的目标函数值取得一个新的下界, 从而使所有以后不超过这个新下界的子问题的分枝都不必进行.

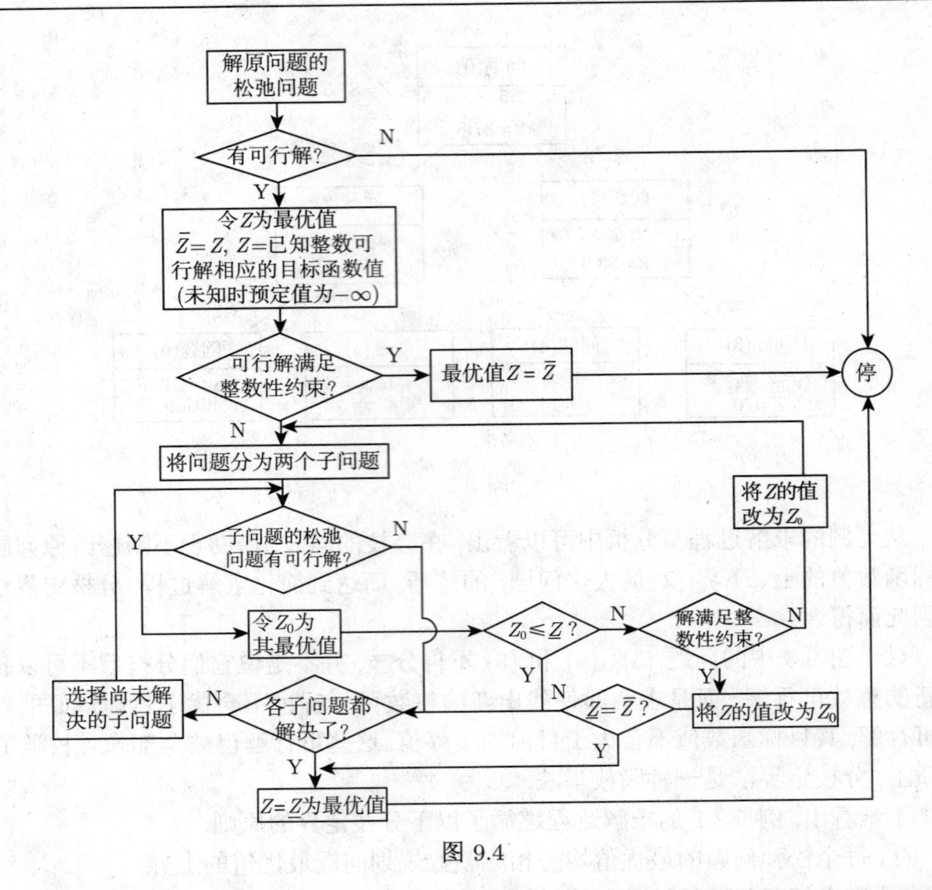

图 9.4

与此对应的还有另一种策略, 它是从选择目标函数值最大的松弛问题的分枝开始, 以尽早地找出相应于目标函数值较大的整数可行解, 并以这个目标函数值作为新的下界值, 将所有不超过此值的子问题的分枝抛弃, 从而使所有的子问题尽快得以解决, 不再分枝.

用分枝界定法求解混合整数规划问题时, 分枝过程只要针对不满足整数性约束的变量进行, 而不顾其他连续型变量的取值如何, 其方法步骤与例 9.2.1 相同.

9.4 0-1 规划的解法

求解 0-1 规划的方法, 常见的有两种, 即完全枚举法和隐枚举法, 现分述如下.

9.4.1 完全枚举法

完全枚举法的基本思想是, 首先将全部变量取 0 或 1 的所有组合 (解) 列出, 然后, 再逐个检查这些组合 (解) 列出, 在逐个检查这些组合 (解) 是否可行的过程中,利用增加并不断修改过滤条件的办法, 减少计算量, 达到求出最优解之目的. 下面通过例 9.4.1 来说明其方法步骤.

例 9.4.1 用完全枚举法求解 0-1 规划问题:

$$\max Z = 17x_1 + 10x_2 + 16x_3,$$

$$\begin{cases} 4x_2 + 2x_3 \leqslant 6, & ① \\ 5x_1 + x_2 + 2x_3 \leqslant 6, & ② \\ 4x_1 - 2x_2 + 3x_3 \leqslant 7, & ③ \\ 5x_1 + 2x_2 + 3x_3 \leqslant 7, & ④ \\ x_j = 0\text{或}1 \quad (j = 1, 2, 3). \end{cases}$$

解 (1) 列出变量所有的解 (x_1, x_2, x_3), 共有 2^3 个: (0, 0, 0), (0, 0,1), (0, 1, 0), (0, 1, 1), (1, 0, 0), (1, 0, 1), (1, 1, 0), (1, 1, 1).

(2) 增设过滤条件. 用试探的方法在上述解中找出一个可行解, 如 $(x_1, x_2, x_3) = (0, 0, 0)$, 代入目标函数中, 有 $Z = 0$. 因问题是最大化, 且目标函数中各系数均非负, 可知最大值 $Z^* \geqslant 0$, 即

$$17x_1 + 10x_2 + 16x_3 \geqslant 0. \qquad ⓢ$$

于是将 ⓢ 作为新的约束条件增加到原问题中. 称此增加的约束条件 ⓢ 为过滤条件.

(3) 寻求最优解. 为了便于检查, 将 ⓢ 及约束条件① ④按顺序填入表 9.5 中, 并逐个检查每个解是否满足这 5 个条件. 对不满足的条件, 记以 “×”, 同行以右的条件不必继续检查; 对满足的条件, 记以 “√”, 并继续对下一个约束条件进行检查. 如果所有的约束条件都满足, 则为可行解, 并计算 Z 值, 同时修改过滤条件. 在表 9.3 中, 检查 (0, 0, 1) 是可行解, 且 $Z = 16$, 修改过滤条件 ⓢ. 即

$$17x_1 + 10x_2 + 16x_3 \geqslant 16. \qquad ⓢ$$

继续检查 $\cdots\cdots (1, 1, 0)$ 是可行解, 且 $Z = 27$, 并得新的过滤条件

$$17x_1 + 10x_2 + 16x_3 \geqslant 27. \qquad ⓢ$$

继续进行, 没有新的可行解. 表 9.3 指出, $(x_1, x_2, x_3) = (1, 1, 0)$ 是最优解, $Z = 27$ 为最优值.

表 9.3

约束条件 / (x_1, x_2, x_3)	ⓢ	①	②	③	④	Z 值
(0, 0, 0)		√	√	√	√	0
(0, 0, 1)	√	√	√	√	√	16
(0, 1, 0)	×					
(0, 1, 1)	√	√	√	√	√	26
(1, 0, 0)	×					
(1, 0, 1)	√	√	×			
(1, 1, 0)	√	√	√	√	√	27
(1, 1, 1)	√	√	×			

以上过程, 只有 4 个解进行了全部计算, 其余几个的计算量却很少, 这是增添并不断修改过滤条件所致.

对于最大化问题, 如果把目标函数中 x_j 的系数按非减的顺序重新排列 (在上例中, 改写成 $Z = 10x_2 + 16x_3 + 17x_1$)), 且仍按上法进行检查, 则更可减少计算量, 较快地找出最优解, 如表 9.4 所示.

表 9.4

约束条件 / (x_1, x_2, x_3)	ⓢ	①	②	③	④	Z 值
(0, 0, 0)		√	√	√	√	0
(0, 0, 1)	√	√	√	√	√	17
(0, 1, 0)	×					
(0, 1, 1)	√	×				
(1, 0, 0)	×					
(1, 0, 1)	√	√	√	√	√	
(1, 1, 0)	×					27
(1, 1, 1)	√	×				

完全枚举法求解最大化 0-1 规划的方法步骤如图 9.5 所示.

应该指出, 完全枚举法对于变量较少的 0-1 规划是适用的, 但当变量数很多时, 用该法进行求解是几乎不可能的.

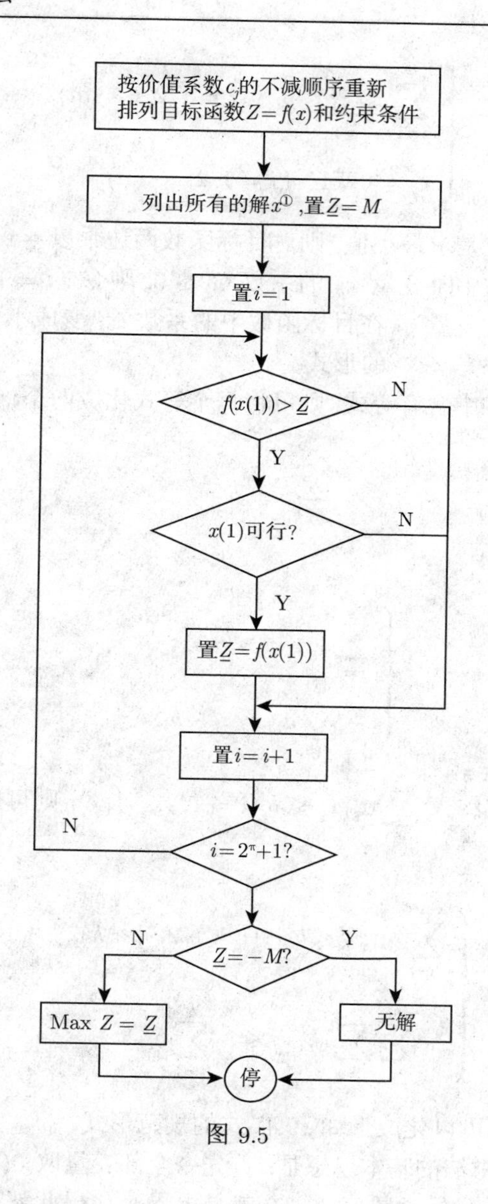

图 9.5

9.4.2 隐枚举法

0-1 规划的隐枚举法是一种特殊的分枝定界法. 它利用变量只能取 0 或 1 两个值得特性, 进行分枝定界, 以达到隐枚举之目的. 它适用于任何 0-1 规划问题的求解.

要应用隐枚举法, 首先应将 0-1 规划成以下规划形式;

$$\max S=\sum_{i=1}^{n} C_j X_j \quad (\text{其中所有的}C_j\leqslant 0),$$

$$\begin{cases} \sum_{i=1}^{n} a_{ij}x_j \leqslant b_i \quad (i=1,2,\cdots,m), \\ x_j = 0\text{或}1 \quad (j=1,2,\cdots,n). \end{cases} \tag{9.4}$$

(1) 如果目标函数是求最小值, 则对目标函数两边乘以 -1, 改求最大值;

(2) 如果目标函数中某变量 x_j 的系数 $C_j > 0$, 则令 $x_j = 1 - y_j$ 替换 x_j, 其中 y_j 为 $0-1$ 变量, 于是变量 y_i 在目标函数中的系数 C_j 变成小于 0;

(3) 如果约束条件是 "$\leqslant$" 的形式;

(4) 如果约束条件中含有等式, 则可将每个等式化成两个 "$\leqslant$" 的不等式. 例如,

$$\sum_{j=1}^{n} a_{ij}x_j = b_i$$

可化成

$$\begin{cases} \sum_{i=1}^{n} a_{ij}x_j \leqslant b_i, \\ -\sum a_{ij}x_j \leqslant -b_i. \end{cases}$$

如果有 k 个等式约束 $\sum_{i=1}^{n} a_{ij}x_j \leqslant b_i (i=1,2,\cdots,k)$, 则可用以下 $k+1$ 个 "$\leqslant$" 的约束替代:

$$\begin{cases} \sum_{i=1}^{n} a_{ij}x_j \leqslant b_i \quad (i=1,2,\cdots,k), \\ -\sum_{i=1}^{k}\sum_{j=1}^{n} a_{ij}x_j \leqslant -\sum_{i=1}^{k} b_i. \end{cases}$$

任何 0-1 规划都可以化成形如 (9.4) 式的规范形式.

0-1 规划的隐枚举法的基本思想是: 首先令全部变量取 0(因为目标函数的系数全非正, 此时, 相应的目标函数值 $S=0$ 就是上界). 如果此解可行, 则为最优解, 计算终止; 否则, 有选择地指定某个变两个 0 或 1, 并把它们固定下来 (称为固定变量), 将问题分枝成两个子问题. 继续分别对它们进行检验, 即对未被固定取值的变量 (称为自由变量), 令其全部为 0, 检查是否可行. 如果可行, 则它们与固定变量所组成的解就是原问题目前最好的可行解 (不一定是最优解), 不再分枝, 其相应的目标函数值就是原问题的一个下界; 否则, 在余下的自由变量中, 继续上述过程. 经过检验, 或者停止分枝, 修改下界, 或者有选择地将某个自由变量, 令其为 0 或 1,

将子问题再分枝. 如此下去, 直到所有的子问题停止分枝, 或没有自由变量止, 并以最大下界值对应的可行解为最优解.

下面仍通过对例 9.4.1 的求解, 说明隐含枚举法的方法步骤.

解 (1) 例 9.4.1 化成隐枚举法所要求的规范形式.

令 $x_1=1-y_1, x_2=1-y_2, x_3=1-y_3$, 并代入, 得

$$\max Z=43-17y_1-10y_2-16y_3,$$

$$\begin{cases}-4y_2-y_3\leqslant 0,\\ -5y_1-y_2-2y_3\leqslant -2,\\ -4y_1+2y_2-3y_3\leqslant 2,\\ -5y_1-2y_2-3y_3\leqslant -3,\\ y_1,y_2,y_3 \text{ 皆为 0 或 1}.\end{cases}$$

将目标函数改写成 $\max Z=43+\max S$, 其中 $S=-17y_1-10y_2-16y_3$. 显然上述模型的解与下述模型的解相同:

$$\max S=-17y_1-10y_2-16y_3,$$

$$\begin{cases}-4y_2-y_3\leqslant 0, & ①\\ -5y_1-y_2-2y_3\leqslant -2, & ②\\ -4y_1+2y_2-3y_3\leqslant 2, & ③\\ -5y_1-2y_2-3y_3\leqslant -3, & ④\\ y_1,y_2,y_3 \text{ 皆为 0 或 1}.\end{cases}$$

(2) 视 (y_1,y_2,y_3) 为自由变量, 并令 $(y_1,y_2,y_3=(0,0,0))$, 由于约束条件②、④不成立, 所以, 此解不可行, 但相应的 $S=0$ 却是目标函数值的上界, 记为 $\overline{S}=0$.

对上述不可行的约束进行考察. 易见, 若对约束②和④中具有负系数的变量取 1, 有可能使之成为可行的约束, 往下进行的枚举有可能得到可行解.

如令 $y_1=1$, 其余变量为 0,

约束	到可行情况的距离
① $-4\times 0-2\times 0\leqslant 0,$	0
② $-5\times 1-1\times 0-2\times 0\leqslant -2,$	0
③ $-4\times 1+2\times 0-3\times 0\leqslant 2,$	0
④ $-5\times 1-2\times 0-3\times 0\leqslant -3.$	0
	总距离 =0

令 $y_2 = 1$, 其余变量为 0,

约束	到可行情况的距离
① $-4\times 1-2\times 0\leqslant 0,$	0
② $-5\times 0-1\times 1-2\times 0\nleqslant -2,$	1
③ $-4\times 0+2\times 1-3\times 0\leqslant 2,$	0
④ $-5\times 0-2\times 1-3\times 0\nleqslant -3.$	1
	总距离 =2

令 $y_3 = 1$, 其余变量为 0,

约束	到可行情况的距离
① $-4\times 0-2\times 1\leqslant 0,$	0
② $-5\times 0-1\times 0-2\times 1\leqslant -2,$	0
③ $-4\times 0+2\times 0-3\times 1\leqslant 2,$	0
④ $-5\times 0-2\times 0-3\times 1\leqslant -3.$	0
	总距离 =0

其中 $y_1 = 1$ 和 $y_3 = 1$ 均得到可行情况的总距离最小. 又因为 $C_1 = -17 < C_3 = -16$, 对求最大化的目标函数来讲, 要比 C_3 要比 C_1 对 S 值的影响较小, 所以, 先置 $y_3 = 1$ 和 $y_3 = 0$ 为固定变量, 将问题分枝为两个子问题:

问题 (1) $(y_3 = 1)$

$$\max\ S = -16 - 17y_1 - 10y_2$$

$$\begin{cases} -4y_2 \leqslant 2, & ①' \\ -5y_1 - y_2 \leqslant 0, & ②' \\ -4y_1 + 2y_2 \leqslant 5, & ③' \\ -5y_1 - 2y_2 \leqslant 0, & ④' \\ y_1, y_2 \text{ 皆为 0 或 1.} \end{cases}$$

问题 (2) $(y_3 = 0)$

$$\max\ S = -17y_1 - 10y_2$$

$$\begin{cases} -4y_2 \leqslant 0, & ①'' \\ -5y_1 - y_2 \leqslant -2, & ②'' \\ -4y_1 + 2y_2 \leqslant 2, & ③'' \\ -5y_1 - 2y_2 \leqslant -3, & ④'' \\ y_1, y_2 \text{ 皆为 0 或 1.} \end{cases}$$

(3) 检验问题 (1). 令自由变量 $y_1 = y_2 = 0$, 并带入问题 (1) 的所有约束, 均能满足, 所以, $(y_1, y_2) = (0, 0)$ 是可行解, 连同固定变量 $y_3 = 1, (y_1, y_2, y_3) = (0, 0, 1)$ 就是原问题目前最好的可行解, 且 $S = -16$ 是目标函数值的一个下界, 记为 $\underline{S} = -16$, 不分枝.

(4) 检验问题 (2). 令自由变量令自由变量 $y_1 = y_2 = 0, (y_1, y_2) = (0, 0)$ 不是可行解. 但是否应对子问题 (2) 进一步分枝? 这要看自由变量中是否存在同时满足以下条件的变量 y_i:

(a) 在不满足的约束中, 其系数为负;

(b) 在目标函数中, 其系数 C_j 大于目前最大的下界值减去固定变量的取值与相应系数的乘积. 即

$$C_j > \underline{S} - \sum_{i \in K} C_i y_i \quad (K \text{ 为固定变量下标集}).$$

只有满足 (a) 的自由变量, 令其为 1 后才有可能使不可行的约束变成可行. 换句话说, 从满足 (a) 的自由变量中才有可能找到新的可行解. 而不满足 (b) 的自由变量, 在令其为 1 后, 及时得到新的可行解, 也不可能使新的目标函数值超过目前的下界值, 故无须继续枚举 (这些可行解与非可行解均已被隐枚举了).

在本例中, 对于子问题 (2) 的不可行约束②$''$ 和④$''$, y_1, y_2 的系数非负, 且

$$C_1 = -17 \not> -16 - (-16 \times 0) = -16,$$
$$C_2 = -10 > -16 - (-16 \times 0) = -16.$$

这就是说, 只有自由变量 y_2 同时满足 (a) 和 (b), 所以, 置 $y_2 = 1$ 和 $y_2 = 0$ 成为固定变量,

把子问题 (2) 继续分枝为两个子问题;

问题 (3) (置 $y_2 = 1$)

$$\max \ S = -10 - 17y_1,$$
$$\begin{cases} -5y_1 \leqslant -1 \\ -4y_1 \leqslant 0 \\ -5y_1 \leqslant -1 \\ y_1 \text{ 为 } 0 \text{ 或 } 1. \end{cases}$$

问题 (4) (置 $y_2 = 0$)

$$\max \ S = -17y_1,$$
$$\begin{cases} -5y_1 \leqslant -2 \\ -4y_1 \leqslant 2 \\ -5y_1 \leqslant -3 \\ y_1 \text{ 为 } 0 \text{ 或 } 1. \end{cases}$$

(5) 检验问题 (3). 令自由变量 $y_1 = 0$, 不可行. 令 $y_1 = 1$, 虽然能满足条件 (a), 但不满足条件 (b), 即无 $S > \underline{S} = -16$ 的可行解, 所以对子问题 (3) 不分枝.

检验问题 (4). 与问题 (3) 同理, 不分枝.

(6) 由于所有的子问题均已检验, 并不再分枝, 枚举结束. 因此, 对应最大下界值 $\underline{S} = -16$ 的可行解 $(y_1, y_2, y_3 = (0, 0, 1)$ 为最优解.

又因为 $x_1 = 1 - y_1, x_2 = 1 - y_2, x_3 = 1 - y_3, \max Z = 43 + \max S$, 故原问题的最优解为 $(x_1, x_2, x_3) = (1, 1, 0), \max Z = 27$.

整个求解过程如图 9.6 所示.

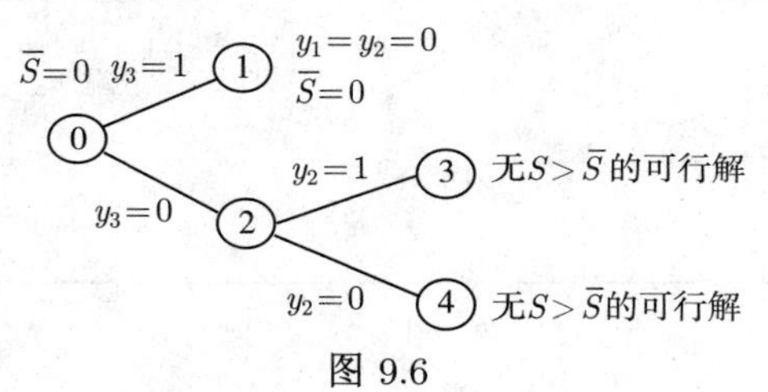

图 9.6

用隐枚举法求解最大化 0-1 规划的流程图如图 9.7 所示.

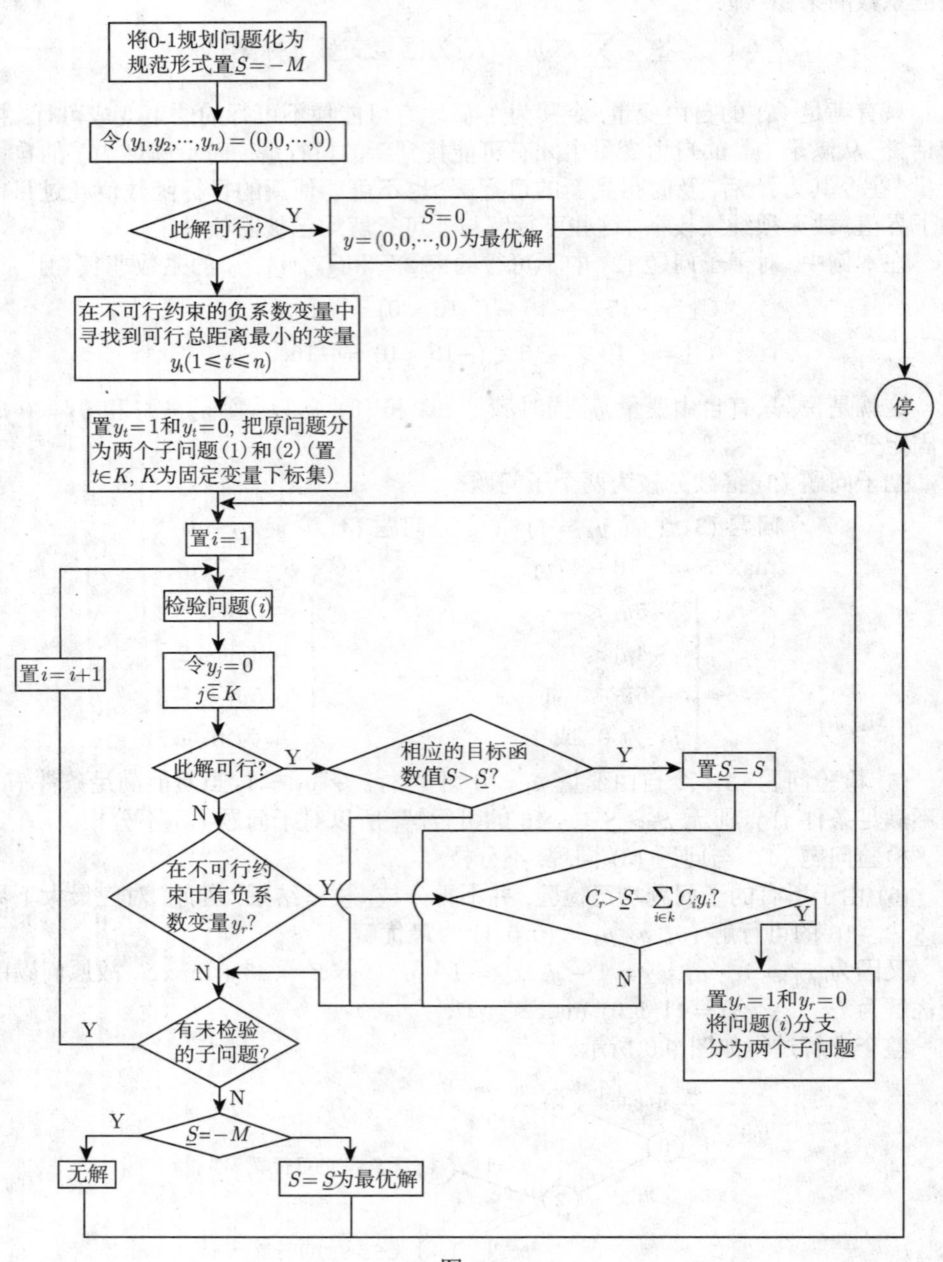

图 9.7

9.5 指派问题的解法

指派问题的一般提法是设: 有 n 个人 (或机器等) $A_1, A_2, \cdots, A_n$, 分派去做 n 项工作 $B_1, B_2, \cdots, B_n$, 要求每项工作需且仅需一个人去做, 每个人需做且仅做一项工作. 已知 A_i 完成 B_j 工作的效率 (如工时、成本或价值等) 为 C_{ij}, 问应如何指派, 才能使总的工作效率最好?

设 X_{ij} 表示 A_i 完成 B_j 工作, 并令

$$x_j = \begin{cases} 1, & \text{当指派 } A_i \text{ 去完成 } B_j \text{ 工作}, \\ 0, & \text{当不指派 } A_i \text{ 去完成 } B_j \text{ 工作}, \end{cases}$$

则指派问题数学模型的标准形式为

$$\min Z = \sum_{i=1}^{n}\sum_{j=1}^{n} C_{ij}X_{ij} \quad (C_{ij} \geqslant 0)$$

$$\begin{cases} \sum\limits_{j=1}^{n} X_{ij} = 1 \quad (i = 1, 2, \cdots, n), \\ \sum\limits_{i=1}^{n} X_{ij} = 1 \quad (j = 1, 2, \cdots, n), \\ X_{ij} \text{ 皆为 } 0 \text{ 或 } 1. \end{cases}$$

由 C_{ij} 组成的方阵 $C = (C_{ij})_{n\times n}$ 称为效率矩阵. 只要效率矩阵 C 给定. 指派问题也就相应确定.

匈牙利法是求解指派问题的一种好算法, 由于它由匈牙利数学家柯尼格 (D·König) 提出, 因此而得名.

指派问题有如下性质; 若从效率矩阵 C_{ij} 的任何一行 (列) 各元素中分别减去一个常数 k(k 可正, 也可负) 得到新矩阵 (b_{ij}), 则以 (b_{ij}) 为效率矩阵的指派问题与原问题具有相同的解, 但其最优值比原问题最优值小 k.

匈牙利法就是根据此性质而设计的, 下面通过对例 9.4.1 的求解, 说明其方法步骤.

第一步 变换效率矩阵 (C_{ij}), 使变换后的效率矩阵 (b_{ij}) 的每行每列出现零元素. 具体的方法是, 对 (C_{ij}) 的每行每列的各元素分别减去该行该列的最小元素.

在例 9.4.1 中, $n = 4$,

$$(C_{ij}) = \begin{bmatrix} 3 & 14 & 10 & 5 \\ 10 & 4 & 12 & 10 \\ 9 & 14 & 15 & 13 \\ 7 & 8 & 11 & 9 \end{bmatrix} \begin{matrix} -3 \\ -4 \\ -9 \\ -7 \end{matrix} \longrightarrow \begin{matrix} \begin{matrix} & & -4 & -2 \end{matrix} \\ \begin{bmatrix} 0 & 11 & 7 & 2 \\ 6 & 0 & 8 & 6 \\ 0 & 5 & 6 & 4 \\ 0 & 1 & 4 & 2 \end{bmatrix} \end{matrix} \longrightarrow \begin{bmatrix} 0 & 11 & 3 & 0 \\ 6 & 0 & 4 & 4 \\ 0 & 5 & 2 & 2 \\ 0 & 1 & 0 & 0 \end{bmatrix} = (b_{ij}).$$

第二步　试求最优指派方案. 具体的方法是在每行每列都含有零元素的 (b_{ij}) 上, 从零元素最少的行 (列) 开始, 对一个零元素标记 ⓪, 表示一种指派, 同时对同行同列的其他零元素标记 $\varnothing$, 以防止下一个指派落在此行此列上；如果该行 (列) 被考虑的零元素 (已被标记 $\varnothing$ 的零元素不再考虑) 多于一个, 则标记 ⓪ 的零元素所在之列 (行) 应当是零元素最少的. 反复进行, 直到 (b_{ij}) 上所有的零元素都已被标记止.

如果最多能得到与效率矩阵阶数相同的 n 个 ⓪, 则必然是分布在不同行不同列上, 将这 n 个 ⓪ 改为 1, 其他所有元素改为 0, 就得到指派问题的一个最优解, 即形成一个完整的指派方案. 对例 9.4.1 进行第二步, 有

$$(b_{ij}) = \begin{bmatrix} \varnothing & 11 & 3 & ⓪ \\ 6 & ⓪ & 4 & 4 \\ ⓪ & 5 & 2 & 2 \\ \varnothing & 1 & ⓪ & ⓪ \end{bmatrix}.$$

由于 ⓪ 的个数 $4 = n$, 所以最优解为

$$(x_{ij}^*) = \begin{bmatrix} 0 & 0 & 0 & 1 \\ 0 & 1 & 0 & 0 \\ 1 & 0 & 0 & 0 \\ 0 & 0 & 1 & 0 \end{bmatrix},$$

即最优方案是安排 A_1 做 B_4 工作, A_2 做 B_2 工作, A_3 做 B_1 工作, A_4 做 B_3 工作. 花费时间共

$$Z^* = \sum_{i=1}^{4}\sum_{j=1}^{4} C_{ij}x_{ij} = 5 + 4 + 9 + 11 = 29.$$

这个数字等于各行各列所减最小元素之和.

如果最后得到 ⓪ 的个数 $< n$, 则转入下一步.

例 9.5.1　求表 9.5 所示效率矩阵的指派问题的最小解.

解　按第一、二步进行

$$(C_{ij}) = \begin{bmatrix} 12 & 7 & 9 & 7 & 9 \\ 8 & 9 & 6 & 6 & 6 \\ 7 & 17 & 12 & 14 & 12 \\ 15 & 14 & 6 & 6 & 10 \\ 4 & 10 & 7 & 10 & 6 \end{bmatrix}\begin{matrix} -7 \\ -6 \\ -7 \\ -6 \\ -4 \end{matrix}$$

$$\xrightarrow{\text{第一步}}\begin{bmatrix}5 & 0 & 2 & 0 & 2\\ 2 & 3 & 0 & 0 & 0\\ 0 & 10 & 5 & 7 & 5\\ 9 & 8 & 0 & 0 & 4\\ 0 & 6 & 3 & 6 & 2\end{bmatrix}\xrightarrow{\text{第二步}}\begin{bmatrix}5 & \circledcirc & 2 & \varnothing & 2\\ 2 & 3 & & \varnothing & \circledcirc\\ \circledcirc & 10 & 5 & 7 & 5\\ 9 & 8 & \circledcirc & \varnothing & 4\\ \varnothing & 6 & 3 & 6 & 2\end{bmatrix}=(b_{ij}).$$

表 9.5

费用 / 人员	B_1	B_2	B_3	B_4	B_5
A_1	12	7	9	7	9
A_2	8	9	6	6	6
A_3	7	17	12	14	12
A_4	15	14	6	6	10
A_5	4	10	7	10	6

此时在不同行不同列的 ◎ 只有 4 个, 而 $n=5$, 继续下一步.

第三步 作最少的直线数覆盖所有的零元素. 具体方法是:

(1) 对没有 ◎ 的行打 √ 号;

(2) 对打 √ 号行上所有 ∅ 的列打 √ 号;

(3) 再对打 √ 号列上有 ◎ 的行打 √ 号;

(4) 重复 (2)、(3), 直到得不出新的打 √ 号的行列止;

(5) 对没有打 √ 号的行划横线, 对所有打 √ 号的列画竖线, 这就得到能覆盖所有零元素最少的直线. 直线的个数等于 ◎ 的个数.

在例 9.5.1 中, 首先对第 5 行打 √, 其次对第 1 列打 √, 再对第 3 行打 √, 最后对第 1, 2, 4 行画横线, 对第 1 列画竖线;

第四步 变换新矩阵 (b_{ij}), 使之增加新的零元素. 具体方法是;

在没有被直线覆盖的元素中找出最小元素, 并对没画直线行的各元素都减去这最小元素, 对画直线列的各元素都加上这最小元素, 得新矩阵, 返回第二步.

继续对例 9.5.1 进行第四步;

$$\begin{bmatrix}5 & \circledcirc & 2 & \varnothing & 2\\ 2 & 3 & \varnothing & \varnothing & \circledcirc\\ \circledcirc & 10 & 5 & 7 & 5\\ 9 & 8 & \varnothing & \circledcirc & 4\\ \varnothing & 6 & 3 & 6 & 2\end{bmatrix}\begin{matrix}\\ \\ -2\longrightarrow\\ \\ -2\end{matrix}\begin{bmatrix}7 & 0 & 2 & 0 & 2\\ 4 & 3 & 0 & 0 & 0\\ 0 & 8 & 3 & 5 & 3\\ 11 & 8 & 0 & 0 & 4\\ 0 & 4 & 1 & 4 & 0\end{bmatrix}$$

$$\xrightarrow{\text{返回第二步}} \begin{bmatrix} 7 & \textcircled{0} & 2 & \varnothing & 2 \\ 4 & 3 & \varnothing & \textcircled{0} & \varnothing \\ \textcircled{0} & 8 & 3 & 5 & 3 \\ 11 & 8 & \textcircled{0} & \varnothing & 4 \\ \varnothing & 4 & 1 & 4 & \textcircled{0} \end{bmatrix}.$$

已求得 $\textcircled{0}$ 的个数 $5 = n$, 故最优解为

$$(x_{ij})^* = \begin{bmatrix} 0 & 1 & 0 & 0 & 0 \\ 0 & 0 & 0 & 1 & 0 \\ 1 & 0 & 0 & 0 & 0 \\ 0 & 0 & 1 & 0 & 0 \\ 0 & 0 & 0 & 0 & 1 \end{bmatrix},$$

即最优指派方案是 A_1 完成 B_2 任务, A_2 完成 B_4 任务, A_3 完成 B_1 任务, A_4 完成 B_3 任务, A_5 完成 B_5 任务. 相应的最小总费用为 $Z^* = (7+6+7+6+4)+(2+2-2) = 32$. 注意到经过变换得到同行和同列中都有两个或两个以上相同零元素的情况, 此时, 可任选一行 (列) 中的某一零元素加圈, 再划去同行 (列) 的其他零元素, 会出现多重解.

对于最大化的指派问题, 即求 $\max Z = \sum\limits_{i=1} \text{mits}^n \sum\limits_{j=1}^{n} C_{ij}X_{ij}$, 可令 $\tilde{C}_{ij} = M - C_{ij}$, 并取 $M = \max c_{ij}$, 构造一个新的效率矩阵 $(M - C_{ij})_{n\times n}$, 显然 $M - C_{ij} \geqslant 0$.

因为

$$\sum_{i=1}^{n}\sum_{j=1}^{n}(M - C_{ij})X_{ij} = \sum_{i=1}^{n}\sum_{j=1}^{n} MX_{ij} - \sum_{i=1}^{n}\sum_{j=1}^{n} C_{ij}X_{ij}$$
$$= nM - \sum_{i=1}^{n}\sum_{j=1}^{n} C_{ij}X_{ij}.$$

所以, 使 $\min \sum\limits_{i=1}^{n}\sum\limits_{j=1}^{n}(M - C_{ij})X_{ij}$ 的最优解就是使 $\max \sum\limits_{i=1}^{n}\sum\limits_{j=1}^{n} C_{ij}X_{ij}$ 的最优解, 因此,

$$\max Z = \sum_{i=1}^{n}\sum_{j=1}^{n} C_{ij}X_{ij}$$
$$= nM - \min \sum_{j=1}^{n}\sum_{j=1}^{n}(M - C_{ij})X_{ij}$$

在求解实际问题时, 经常会遇到效率矩阵不是方阵的情况, 这时可用增设虚零行 (列), 使效率矩阵变成方阵后再用匈牙利法求解.

9.6 应用实例

例 9.6.1 (背包问题) 一位旅行者出发前准备在自己的背包中携带必需的物品, 已知可供选择的物品有 n 种, 第 j 种物品的重量为 a_j kg, 其价值 (或收益) 为 C_{ij}, 如果旅行者的背包所带物品的重量不得超过 b kg, 问旅行者应如何选择所带物品, 以使总价值 (总收益) 最大?

解 设 $x_j = \begin{cases} 1, & \text{不携带第 } j \text{ 种物品} \\ 0, & \text{携带第 } j \text{ 种物品} \end{cases} \quad (j = 1, 2, \cdots, n),$

则背包问题的数学模型为

$$\max S = \sum_{j=1}^{n} C_j X_j,$$

$$\begin{cases} \displaystyle\sum_{j=1}^{n} a_j x_j \leqslant b, \\ x_j \text{为 } 0 \text{ 或 } 1 \quad (j = 1, 2, \cdots, n). \end{cases}$$

背包问题是经济活动中一种常见的数学模型, 在管理科学中很受重视. 下面是其中的一例.

例 9.6.2 某采购员准备采购 100 万元的货物, 拟在五种畅销的货物中进行选择, 已知采购各种货物所需的金额和购进后所能获得的利润如表 9.6 所示. 问应采购哪几种货物才能使总获利最大?

表 9.6

货物	P_1	P_2	P_3	P_4	P_5
采购所需金额 (万元)	56	20	54	42	15
利润 (万元)	7	5	9	6	3

解 设 $x_j = \begin{cases} 0, & \text{不采购 } P_j \text{ 货物} \\ 1, & \text{采购 } P_j \text{ 货物} \end{cases} \quad (j = 1, 2, \cdots, 5)$, 其数学模型为

$$\max S = 7x_1 + 5x_2 + 9x_3 + 6x_4 + 3x_5,$$

$$\begin{cases} 56x_1 + 20x_2 + 54x_3 + 42x_4 + 15_5 \leqslant 100 \\ x_j = 0 \text{ 或} 1 \quad (j = 1, 2, \cdots, 5). \end{cases}$$

利用 0-1 规划的隐枚举法进行求解, 得最优解和最优值为

$$x_1^* = x_4^* = 0, \quad x_2^* = x_3^* = x_5^* = 1, \quad z^* = 17,$$

即分别购进货物 P_2, P_3 和 P_5, 可获利润 17 万元.

根据一维背包问题的特殊结构, 还可用较为简单有效的启发式算法；先比较 c_j/a_j 的比值, 后按比值从大到小, 依次令其相应的决策变量 1, 直至资源 b 用尽.

对例 9.6.2, 先计算各种货物可获利润与采购所需金额的比值, 分别是 0.125, 0.25, 0.167, 0.143, 0.2, 再按比值大小此次选取, 令 $x_2 = 1, x_5 = 1, x_3 = 1, x_1 = x_4 = 0$. 即只采购货物 P_2, P_3, P_5, 可获利润 172 万元, 所需采购资金 89 万元.

例 9.6.3 (仓库选用问题)　某决策者拟在 n 个仓库中决定租用其中的几个, 以满足 m 个销售点对货物的需要. 每个销售点的需求量 $b_j (j = 1, 2, \cdots, m)$, 必须从租用的仓库中得到满足, 且只能从租用的仓库租用得到满足. 而对租用的仓库必须支付固定的运营费 (如资金、管理费等), 同时, 还应决定从租用的哪些仓库中运多少货物到销售点处, 以使总的费用最小.

解　设 x_{ij} 表示从租货物量用的仓库 i 运送给销售点 j 的;

g_i 表示租用仓库 i 的固定; 运营费 (即固定成本);

d_i 表示仓库 i 的允许容量;

C_{ij} 表示从仓库 i 运送货物到销售点 j 处的单位运费 (即可变成本),

那么, 从租用的仓库 i 运送货物到销售点 j 处的总费用应为

$$f_i(X) = \begin{cases} g_i + \sum_{j=1}^{m} C_{iji} X_{ij}, & x_{ij} > 0 \\ 0, & x_{ij} = 0 \end{cases} \quad (i = 1, 2, \cdots, n),$$

这里的 $f_i(X)$ 是非线性函数, 而问题的本身是要在 n 个仓库中租用哪几个, 使每个销售点的需求量 b_j 从租用的各仓库中得到满足, 且只能从租用的各仓库中得到满足. 为此, 可引进 0-1 变量 y_1, 并设

$$y_i = \begin{cases} 1, & \text{若仓库 } i \text{ 被租用}, \\ 0, & \text{若仓库 } i \text{ 不被租用}. \end{cases}$$

这样, 从仓库 i 运送货物到销售点 j 处的总费用的表达式改写为

$$f_i(X) = g_i y_i + \sum_{j=1}^{m} C_{iji} X_{ij} \quad (i = 1, 2, \cdots, n).$$

容易理解, 上式对于具体的 i 来说, 当 $x_{ij} > 0$, y_i 只能为 1, 即第 i 个仓库被租用,

其费用为 $g_iy_i+\sum\limits_{j=1}^{m}C_{iji}X_{ij}$, 当 $x_{ij}=0$ 时, y_i 可能为 0 或 1. 但结合问题的目标函数是求总运费最小, 因而迫使 $y_i=0$.

由于 x_i 还应满足

$$\begin{cases}\sum\limits_{i=1}^{n}X_{ij}=b_j \quad (j=1,2,\cdots,m)\\ \sum\limits_{j=1}^{m}X_{ij}\leqslant d_iy_i \quad (i=1,2,\cdots,n)\\ x_{ij}\geqslant 0 \quad (i=1,2,\cdots,n,j=1,2,\cdots,m).\end{cases}$$

因此, 该问题的数学模型应为

求一组变量 y_i 和 x_{ij}, 使

$$\min F(X)=\sum_{i=1}^{n}f_i(X)$$

$$=\sum_{i=1}^{n}\left(g_iy_i+\sum_{j=1}^{m}C_{ij}x_{ij}\right),$$

满足

$$\begin{cases}\sum\limits_{i=1}^{n}x_{ij}=b_j \quad (j=1,2,\cdots,m),\\ \sum\limits_{j=1}^{m}x_{ij}\leqslant d_iy_i \quad (i=1,2,\cdots,n),\\ \text{所有的}x_{ij}\geqslant 0, y_i=0\text{或}1(i=1,2,\cdots,n,j=1,2,\cdots,m).\end{cases}$$

这是个混合整数规划, 其中变量 y_i 为 0 或 1, x_{ij} 是可不为整数的非负变量.

从该模型的建立的过程中可以看出, 利用 0-1 变量有时还可将非线性函数转化为线性函数, 使问题得以简化易解.

例 9.6.4 (航班分派问题) 某航空公司经营 A, B, C 三个城市之间的航线, 这些航线每天班次起飞与到达时间如表 9.7 所示. 设飞机在机场停留的损失费用大致与停留时间的平方成正比, 又每架飞机从降落到下班起飞至少需要 2 小时准备时间, 试决定一个使停留费用损失为最小的分派飞行方案.

表 9.7

航班号	起飞城市	起飞时间	到大城市	到达时间
101	A	9 : 00	B	12 : 00
102	A	10 : 00	B	13 : 00
103	A	15 : 00	B	18 : 00
104	A	20 : 00	C	24 : 00
105	A	22 : 00	C	2 : 00 (次日)
106	B	4 : 00	A	7 : 00
107	B	11 : 00	A	14 : 00
108	B	15 : 00	A	18 : 00
109	C	7 : 00	A	11 : 00
110	C	15 : 00	A	19 : 00
111	B	13 : 00	C	18 : 00
112	B	18 : 00	C	23 : 00
113	C	15 : 00	B	20 : 00
114	C	7 : 00	B	12 : 00

解　只要把从 A, B, C 城市起飞当成要完成的 “任务”, 那么到达的飞机可看成带分派去完成 “任务” 的人. 只要飞机到达后两小时, 即可分派去完成起飞的任务. 于是可以分别对城市 A, B, C 各列出一个指派问题的效率矩阵, 其中的数字为飞机停留的损失费用.

设飞机在机场停留一小时损失 k 元, 则停留 2 小时的损失为 $4k$ 元, 停留 3 小时的损失费用为 $9k$ 元, 依此类推.

依题意, 对 A, B, C 三个城市建立的指派问题的效率矩阵分别如表 9.8 所示.

表 9.8

	城市 A				
到达 \ 起飞	101	102	103	104	105
106	$4k$	$9k$	$64k$	$169k$	$225k$
107	$361k$	$400k$	$625k$	$36k$	$64k$
108	$225k$	$256k$	$441k$	$4k$	$16k$
109	$484k$	$529k$	$16k$	$81k$	$121k$
110	$196k$	$225k$	$400k$	$625k$	$9k$

续表

城市 B					
起飞 / 到达	106	107	108	111	112
101	$256k$	$529k$	$9k$	$625k$	$36k$
102	$225k$	$484k$	$4k$	$576k$	$25k$
103	$100k$	$289k$	$441k$	$361k$	$576k$
113	$64k$	$225k$	$361k$	$289k$	$484k$
114	$256k$	$529k$	$9k$	$625k$	$36k$

城市 C				
起飞 / 到达	109	110	113	114
104	$49k$	$225k$	$225k$	$49k$
105	$25k$	$169k$	$169k$	$25k$
111	$169k$	$441k$	$441k$	169
112	$64k$	$256k$	$256k$	$64k$

对上述指派问题用匈牙利法求解, 得一下使停留费用损失最小的方案:

$$(A)101 \to (B)108 \to (A)105 \to (C)110 \to (A)101,$$

$$(A)102 \to (B)106 \to (A)102,$$

$$(A)103 \to (B)107 \to (A)104 \to (C)113 \to (B)111,$$

$$(C)114 \to (B)112 \to (C)109 \to (A)103,$$

停留费用共损失 $1748k$ 元.

9.7 习　题

1. (送货问题) 考虑从一个中心仓率向 m 个不同销地送货工作. 在一次送货中每一个销地收到它的订货. 对各个送货人规定了可行的路线, 而每一个送货人至多可以合并运送 r 种订货. 假定有 n 条可行路线而每一路线规定了运送货物的销地. 再假定第 j 条路线的成本是 c_j. 可能发生重复以致同一个销地有不止一个送货人到达. 把这个问题表示成一个整数规划模型.

2. (车间工作排序问题) 考虑在一部机床上以尽可能短的时间完成 n 种不同工序的排序问题. 每一种产品都必须通过机床上某种工序加工后, 才能交货. 而且每一种产品都有一个交货的日期. 试建立这个问题的数学模型.

3. 人事部门欲安排四人到四个不同的岗位工作, 每个岗位一个人. 经考察四人在不同岗位的成绩 (百分制) 如下表所示, 如何安排他们的工作使总成绩最好.

人员 \ 岗位	A	B	C	D
甲	85	92	73	90
乙	95	87	78	95
丙	82	83	79	90
丁	86	90	80	88

4. 有一份中文说明书. 需译成英、日、德、俄 4 种文字. 分别记作 E, J, G, R. 现有甲、乙、丙、丁四人. 他们将中文说明书翻译成不同语种的说明书所需时间如表所示. 问应指派何人去完成何任务. 能使所需时间最少?

人员 \ 文字	E	J	G	R
甲	2	15	13	4
乙	10	4	14	15
丙	9	14	16	13
丁	7	8	11	9

5. 某公司拟将四种新产品配置到四个工厂生产, 四个工厂的单位产品成本 (元/件) 如下表所示. 求最优生产配置方案.

工厂 \ 产品	产品 1	产品 2	产品 3	产品 4
工厂 1	58	69	180	260
工厂 2	75	50	150	230
工厂 3	65	70	170	250
工厂 4	82	55	200	280

6. 有 n 项任务由 n 个人去完成. 每项任务交给一个人, 每个人都有一项任务. 由第 i 个人去做第 j 项任务的成本 (或效益) 为 c_{ij}. 求使总成本最小 (或效益最大) 的分配方案.

7. 将下列 0-1 规划问题化为规范模型:

$$\max z_1 = 3u_1 + 2u_2 - 5u_3 - 2u_4 + 3u_5,$$

$$\begin{cases} u_1 + u_2 + u_3 + 2u_4 + u_5 \leqslant 4, \\ 7u_1 + 3u_3 - 4u_4 + 3u_5 \leqslant 8, \\ 11u_1 - 6u_2 + 3u_4 - 3u_5 \geqslant 3, \\ u_j = 0 \quad (j = 1, \cdots, 5). \end{cases}$$

8. 用分枝定界法求解以下整数规划

$$\min z=-2x_1-3x_2,$$

$$\begin{cases}5x_1+7x_2\leqslant 35\\4x_1+9x_2\geqslant 36\\x_1,x_2\geqslant 0,\end{cases}$$

且 x_1,x_2 为整数.

9. 用隐枚举法解以下 0-1 规划:

$$\max z=3x_1-2x_2+5x_3,$$

$$\begin{cases}x_1+2x_2-x_3\leqslant 2, & ①\\x_1+4x_2+x_3\leqslant 4, & ②\\x_1+x_2\leqslant 3, & ③\\4x_2+x_3\leqslant 6, & ④\\x_1,x_2,x_3 \text{ 皆为 } 0 \text{ 或 } 1.\end{cases}$$

第10章 动态规划

10.1 动态规划的一般概念

动态规划 (dynamic programming) 是 20 世纪 50 年代前后由美国数学家贝尔曼 (Richard Bellman) 等人建立和发展起来的一种解决多阶段决策问题的优化问题. 所谓多阶段决策问题是指这样一类问题, 该问题的决策过程是一种在多个相互联系的阶段分别作出决策已形成序列决策的过程, 而这些决策都是根据总体最优化这一共同的目标而采取的. 贝尔曼根据一类多阶段决策问题的特征, 发展了动态规划的最优化原理. 该原理概括了动态规划方法的基本思想, 即把一个较复杂的问题, 按照其阶段划分, 分解成若干个较小的局部问题, 然后根据局部问题的递推关系, 依次作出一系列决策, 直到整个问题达到总体最优的目标.

动态规划不仅研究时间变化的决策问题, 而且研究非时间因素的决策问题. 这是因为在这里, 阶段可以是时间意义上的阶段, 也可以是空间和一般关系意义上的阶段. 动态规划又称为多阶段 (multistage programming).

为简述动态规划方法的基本思想, 现分析如下一最短线路问题.

例 10.1.1 如图 10.1 所示, 在 A 处有一油库, E 为一港口. 今需从 A 铺设输油管道到 E 处, 拟在 B_1, B_2, B_3 之一, C_1, C_2, C_3 之一以及 D_1, D_2 之一个建一个中间站, 各站之间的管道走向如图 10.1 所示, 连线旁的数字表示两站间的管道长. 现要求选择 3 个合适的中间站, 使 A 到 E 的总输油管道长度最短.

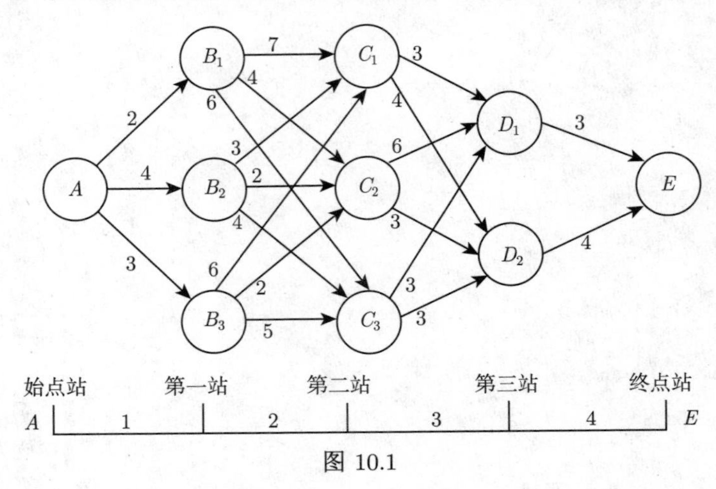

图 10.1

该工程可划分为四个阶段, 在每一阶段, 当始点确定时, 需要对该阶段管道的走向作出决策, 即确定管道线下一站的位置. 显然每个阶段的决策都不能仅仅以本阶段管道长最短为依据, 而应着眼于全工程的总体利益, 以实现总管道长最短的目标. 因此, 这是一个多阶段决策问题.

该问题的一种解法是把从 A 到 E 的所有可能的管线的长度都计算出来并加以比较, 然后选取其中最短者. 这就是所谓完全枚举法. 由于这个问题共有 $3\times3\times2=18$ 条路线, 因而计算较麻烦. 如果阶段数和备选中间站数都增加, 计算将更困难.

下面的思路将启发我们有效地解决这一问题. 在始点站我们考虑的是这样一个多阶段决策问题: 从现在出发应经过哪些站点才能使总管道长度最短. 这一问题与前一初始问题内容相同, 解决方法也相似. 它是前一问题的子问题, 只要后一问题能够解决, 则前一问题也能得到解决. 类似地, 在第二站、第三站, 我们面临着同样的问题和同样类似的解决方法. 只是问题变得越来越小和越来越好解决了.

现在就把这一思路具体化. 当我们处在 A 点时, 问题自然是: 如果要获得从该点到终点的最短路线, 那么下一站该选哪一站点最好? 假若我们知道下一站各个站点到终点的最短路线, 那么问题就很容易解决. 例如, 从表 10.1 给出的资料很快就可以得出, 从 A 出发应该以 B_3 为下一个到达的中间站. 这里, 关键是如何获得从第一站 B_i 到终点 E 的最短路线. 因此, 问题又回到了 A 点时所提出的问题: 下一站该选哪一站点最好. 同样, 我们只要知道下一站各站点 C_i 到终点 E 的最短路线就可以作出决策. 类似地继续下去. 第二站各站点 C_i 到达终点 E 最短路线的确定将取决于第三站各点 D_i 到终点 E 的最短路线. 而从 D_1 与 D_2 到 E 的管道路线分别只有唯一的一条, 即从 D_1 与 D_2 到 E 的最短路线长度分别为 3 和 4. 至此, 从已知第四阶段的最短路线出发反向递归, 直到求出始点到终点的管道总长最短路线.

表 10.1

管道路线	从 A_i 到 B_i 的长度	从 B_i 到 E 的最短路线长度	从 A 到 E 的总长度
从 A 到 B_1	2	11	13
从 A 到 B_2	4	9	13
从 A 到 B_3	3	9	12

下面利用上述分析建立解析式求解例 10.1.1.

原问题分为四个阶段, 即 $n=4$; s_k 表示第 k 阶段初管线已铺达位置 $(k=1,2,3,4)$; $d_k(x_k)$ 表示在第 k 阶段拟把管线延伸铺达的下一站位置; $v_k(s_k,d_k(s_k))$ 表示从 s_k 到 $d_k(s_k)$ 之间的管道线段的长, $f_k(s_k)$ 表示从 s_k 出发至终点 E 按最佳线路铺设时的最短管线长.

按过程发展的反向顺序计算可得

$$f_5(s_5)=f_5(E)=0.$$

$k=4$ 时,

$$f_4(D_1)=\min\{D_1E+f_5(E)\}=3+0=3.$$

同理可得

$$f_4(D_2)=4.$$

$k=3$ 时,

$$\begin{aligned}f_3(C_1)&=\min\{v_3(C_1,d_3(C_1))+f_4(s_4)\}\\&=\min\begin{Bmatrix}C_1D_1+f_4(D_1)\\C_1D_2+f_4(D_2)\end{Bmatrix}=\min\begin{Bmatrix}3+3^*\\4+4\end{Bmatrix}=6,\end{aligned}$$

其中, $d_3(C_1)\in\{D_1,D_2\}$(因为 $D_3(C_1)=\{D_1,D_2\}$).

从 C_1 到终点 E 的最短路线是 $C_1\to D_1\to E$; 且最优决策为 $d_3^*(C_1)=D_1$.

同理得

$$f_3(C_2)=\min\begin{Bmatrix}C_2D_1+f_4(D_1)\\C_2D_2+f_4(D_2)\end{Bmatrix}=\min\begin{Bmatrix}6+3\\3+4^*\end{Bmatrix}=7.$$

从 C_2 到 E 的最短路线为 $C_2\to D_2\to E$, 最短管线为 7, 最优决策为 $d_3^*(C_2)=D_2$.

$$f_3(C_3)=\min\begin{Bmatrix}C_3D_1+f_4(D_1)\\C_3D_2+f_4(D_2)\end{Bmatrix}=\min\begin{Bmatrix}3+3^*\\3+4\end{Bmatrix}=6.$$

从 C_3 到 E 的最短路线为 $C_3\to D_1\to E$, 最短管线为 6, 最优决策为 $d_3^*(C_3)=D_3$.

$k=2$ 时,

$$f_2(B_1)=\min\begin{Bmatrix}B_1C_1+f_3(C_1)\\B_1C_2+f_3(C_2)\\B_1C_3+f_3(C_3)\end{Bmatrix}=\min\begin{Bmatrix}7+6\\4+7^*\\6+6\end{Bmatrix}=11.$$

从 B_1 到 E 的最短路线为 $B_1\to C_2\to D_2\to E$, 最短管线为 11, 最优决策为 $d_2^*(B_1)=C_2$.

$k=1$ 时,

$$f_1(A)=\min\begin{Bmatrix}AB_1+f_2(B_1)\\AB_2+f_2(B_2)\\AB_3+f_2(B_3)\end{Bmatrix}=\min\begin{Bmatrix}2+11\\4+9\\3+9^*\end{Bmatrix}=12.$$

从 A 到 E 的最短路线为 $A \to B_3 \to C_2 \to D_2 \to E$, 最短管线为 12, 最优决策为 $d_1^*(A) = B_3$.

从起点开始, 由逐个阶段的最优决策构成的策略为最优策略, 即由

$$d_1^*(A) = B_3, \quad d_2^*(B_3) = C_2, \quad d_3^*(C_2) = D_2, \quad d_4^*(D_2) = E,$$

构成最优策略 $p_{14}^*(A) = (B_3, C_2, D_2, E)$.

因此, 该问题的最优路线为 $A - B_3 - C_2 - D_2 - E$, 总管道长度为 12 单位.

这一解题思路体现了动态规划方法的如下基本特征：多阶段性、无后效性、递归性、总体优化性. 动态规划独特有效的思想和方法使其在经济、管理、生产、技术、军事等部门和领域得到广泛的应用. 尤其在生产计划、资源分配、市场营销、库存管理、设备维修与更新等方面的应用, 取得了很好的效果.

10.2 动态规划模型的基本结构

10.2.1 动态规划的基本概念

1. 阶段

根据问题的特点和需要, 将问题的全过程恰当地划分为若干个相互联系的阶段, 以便把问题分解成若干子问题逐个求解. 本章用 k 表示阶段 ($k \leqslant n, n$ 为阶段总数). 如例 10.1.1, $n = 4$, $k = 1, 2, 3, 4$.

2. 状态与状态变量

状态是系统在变化过程中某个阶段的初始形态表征. 它通过系统在某个阶段的出发位置来描述. 描述状态的变量称为状态变量. 本章用 s_k 表示第 k 阶段的初始状态. 如例 10.1.1 中用 s_1 表示第一阶段的初始状态, 即 $s_1 = S$. 通常一个阶段包含若干个状态. 第 k 阶段所有可能状态构成的集合称为该阶段的状态集, 记为 S_k. 例 10.1.1 中第二阶段的状态集为 $S_2 = \{B_1, B_2, B_3\}$.

3. 决策与决策变量

决策是指在某一阶段状态给定以后, 从该状态演变至下一个阶段某状态的选择. 描述决策的变量称为决策变量. 用 $d_k(s_k)$ 表示第 k 阶段处于状态 s_k 时的决策变量. $d_k(s_k)$ 的可能值全体构成决策集合 $D_k(s_k)$. 如例 10.1.1 中, $D_1(A) = \{B_1, B_2, B_3\}$.

4. 状态转移与状态转移方程

系统由这一阶段的一个状态转变到下一阶段的另一个状态称为状态转移. 状态转移既与状态有关, 又与决策有关. 描述状态转移关系的方程称为状态转移方程.

若第 k 阶段的状态变量 s_k 与该阶段的决策变量 d_k 确定后, 第 $k+1$ 阶段的状态变量 s_{k+1} 也随之确定, 则它们的关系式

$$s_{k+1}=T_k(s_k,\ d_k)$$

称为由状态 s_k 转移到状态 s_{k+1} 的状态转移方程. 反之, 若第 k 阶段的状态变量 s_k 与 $k-1$ 阶段的决策变量 d_{k-1} 确定后, 第 $k-1$ 阶段的状态变量 s_{k-1} 也随之确定, 则它们的关系式

$$s_{k-1}=T_{k-1}(s_k,\ d_{k-1})$$

称为由状态 s_k 转移到状态 s_{k-1} 的状态转移方程.

5. 策略与 (后部) 子策略

由过程的第一阶段开始到终点为止的每阶段的决策 $d_k(s_k)(k=1,2,\cdots,n)$ 所组成的决策序列称为全过程策略, 简称策略, 记为

$$p_{1n}(s_1)=(d_1(s_1),d_2(s_2),\cdots,d_n(s_n)),$$

这里, 状态间的转移符合其逻辑关系. 全部策略构成策略集, 记为 $P_{1n}(s_1)$.

从第 k 阶段某一初始状态 s_k 开始到终点的过程称为全过程的 k 后部子过程. 其相应的决策序列

$$p_{kn}(s_k)=(d_k(s_k),d_{k+1}(s_{k+1}),\cdots,d_n(s_n))$$

称为 k 后部子策略, 简称子策略. k 后部子策略的全体记为 $P_{kn}(s_k)$.

6. 阶段指标

阶段指标是对过程中某一个阶段的决策效果衡量其优劣的一种数量指标. 第 k 阶段初始状态为 s_k 且采取决策 $d_k(s_k)$ 时的阶段指标记为 $v_k(s_k,\ d_k(s_k))$.

7. 指标函数与最优指标函数

指标函数是用来对多阶段决策过程决策效果衡量其优劣的一种数量指标, 它是定义在全过程或所有后部子过程上的确定的数量函数, 表示为

$$\begin{aligned}V_{kn}(s_k)&=V_{kn}(s_k,\ p_{kn}(s_k))\\&=V_{kn}(s_k,\ d_k,\ s_{k+1},\ d_{k+1},\cdots,s_n,\ d_n).\end{aligned}$$

由于常见的指标函数是取各阶段指标和的形式, 故本章作此假定, 即

$$V_{kn}(s_k)=\sum_{i=k}^{n}v_i(s_i,\ d_i(s_i)),$$

其中 $v_i(s_i,\ d_i(s_i))$ 表示第 i 阶段的初始状态为 s_i 且采取决策 $d_i(s_i)$ 时该阶段的指标值.

指标函数 $V_{kn}(s_k)$ 的最优值称为最优指标函数, 记为 $f_k(s_k)$. 它表示从第 k 阶段的状态为 s_k 开始, 选取最优策略 (或最优后部子策略) 后, 得到的指标函数值. 在例 10.1.1 中, $f_1(A)$ 表示从始点 A 到终点 E 的管线最短长度.

从例 10.1.1 的计算过程可以看到, 在求解的各个阶段, 我们运用了如下递归关系:

$$\begin{cases} f_k(s_k) = \min\{v_k(s_k,\ d_k(s_k)) + f_{k+1}(s_{k+1})\}, \\ \qquad\qquad d_k(s_k) \in D_k(s_k) \quad (k = 4, 3, 2, 1), \\ f_5(s_5) = 0. \end{cases}$$

这种递归关系就是一种动态规划函数方程.

10.2.2 最优化原理与函数基本方程

在求解上述动态规划问题时, 递归关系的建立和反向递归解法的形成是十分重要的. 而这些是以动态规划的最优化原理为基础的.

所谓动态规划最优原理, 即

"作为整个过程的最优策略具有这样的性质, 即无论过去的状态和决策如何, 对前面的决策所形成的状态而言, 余下的诸决策必须构成最优策略."

这个原理是贝尔曼首先提出来的. 根据这个原理, 可以把多阶段决策问题的求解过程看成是对若干个相互联系的子问题逐个求解的反向递归过程.

由动态规划最优化原理可以得到体现这一原理思想的函数基本方程:

$$\begin{cases} f_k(s_k) = \mathrm{opt}\{v_k(s_k,\ d_k(s_k)) + f_{k+1}(s_{k+1})\}, \\ \qquad\qquad d_k(s_k) \in D_k(s_k) \quad (k = n, n-1, \cdots, 1), \\ f_{n+1}(s_{n+1}) = 0, \end{cases} \tag{10.1}$$

这里, opt 表示: "最优", 即代表 "最大" (max) 化或 "最小" (min) 化.

下面的例子将加深对动态规划最优化原理和函数基本方程的进一步理解.

例 10.2.1 某商店在未来四个月里, 利用一个仓库经销某种商品. 该仓库的最大容量为 1000 件, 每月中旬订购商品, 并于下月初取到货. 据估计: 今后四个月这样商品的购价 p_k 和售价 q_k 如表 10.2 所示. 假定商店在 1 月初开始经销时仓库已存有该种商品 500 件, 每月市场需求不限, 问应如何计划每个月的订购与销售数量, 使这四个月的总利润最大 (不考虑仓库的存储费用)?

表 10.2

月份 k	购价 p_k	售价 q_k
1	10	12
2	9	9
3	11	13
4	15	17

解　这是一个有两个决策变量 (每月的订购量和销售量) 的二维多阶段决策问题. 按月份划分为四个阶段, 即 $n = 4$, $k = 1, 2, 3, 4$.

设状态变量 s_k 表示第 k 月初的库存量；决策变量 x_k 和 y_k 分别表示第 k 月的订货量和销售量. $H = 1000$ 为仓库的最大库容. 状态转移方程为

$$s_{k+1} = s_k + x_k - y_k. \tag{10.2}$$

又设 $v_k(s_k,\ x_k,\ y_k)$ 表示第 k 月初仓库存货为 s_k, 订货量为 x_k, 销售量为 y_k 时该月的利润；$f_k(s_k)$ 表示第 k 月初仓库存货为 s_k 时, 从 k 月初到 4 月底按最优策略经营所能获得的最大利润额, 则

$$v_k(s_k,\ x_k,\ y_k) = q_k y_k - p_k x_k, \tag{10.3}$$

且有递归关系如下:

$$\begin{cases} f_k(s_k) = \max\{v_k(s_k,\ x_k,\ y_k) + f_{k+1}(s_{k+1})\}, \\ \qquad 0 \leqslant y_k \leqslant s_k, \\ \qquad 0 \leqslant x_k \leqslant H + y_k - s_k \quad (k = 4, 3, 2, 1), \\ f_5(s_5) = 0. \end{cases} \tag{10.4}$$

根据 (10.2)—(10.4), 从最后一个阶段开始, 进行反向递归计算:

当 $k = 4$ 时, 有

$$f_4(s_4) = \max\{17y_4 - 15x_4\},$$

$$0 \leqslant y_4 \leqslant s_4,$$

$$0 \leqslant x_4 \leqslant H + y_4 - s_4.$$

显然, $y_4^* = s_4$, $x_4^* = 0$ 为最优决策. 这时, $f_4(s_4) = 17s_4$.

当 $k=3$ 时, 有

$$
\begin{aligned}
f_3(s_3) = &\max\{13y_3 - 11x_3 + f_4(s_4)\}, \\
&\quad (0 \leqslant y_3 \leqslant s_3, \quad 0 \leqslant x_3 \leqslant H + y_3 - s_3) \\
= &\max\{13y_3 - 11x_3 + 17(s_3 - y_3 + x_3)\} \\
&\quad (0 \leqslant y_3 \leqslant s_3, \quad 0 \leqslant x_3 \leqslant H + y_3 - s_3) \\
= &\max\{17s_3 + 6x_3 - 4y_3\} \\
&\quad (0 \leqslant y_3 \leqslant s_3, \quad 0 \leqslant x_3 \leqslant H + y_3 - s_3).
\end{aligned}
$$

这是一个线性规划问题, 用图解法求解, 得最优解为

$$
x_3^* = H, \quad y_3^* = s_3,
$$

$$
f_3(s_3) = 13s_3 + 6H.
$$

仿此继续计算, 由

$$
f_2(s_2) = \max\{6H + 13s_2 + 4x_2 - 4y_2\},
$$

$$
0 \leqslant y_2 \leqslant s_2,
$$

$$
0 \leqslant x_2 \leqslant H + y_2 - s_2
$$

得最优解为

$$
x_2^* = H, \quad y_2^* = s_2,
$$

$$
f_2(s_2) = 9s_2 + 10H.
$$

由

$$
f_1(s_1) = \max\{10H + 9s_1 - x_1 + 3y_1\},
$$

$$
0 \leqslant y_1 \leqslant s_1,
$$

$$
0 \leqslant x_1 \leqslant H + y_1 - s_1
$$

得最优解为

$$
x_1^* = 0, \quad y_1^* = s_1,
$$

$$
f_1(s_1) = 12s_1 + 10H.
$$

将 $s_1 = 500$, $H = 1000$ 代入上式并按计算顺序往回反推, 可得各个月的最优订货量 x_k^* 和销售量 y_k^* 如下:

$$\begin{aligned} &x_1^* = 0, && y_1^* = s_1 = 500; \\ &x_2^* = H = 1000, && y_2^* = s_2 = s_1 + x_1^* - y_1^* = 0; \\ &x_3^* = H = 1000, && y_3^* = s_3 = s_2 + x_2^* - y_2^* = 1000; \\ &x_4^* = 0, && y_4^* = s_4 = s_3 + x_3^* - y_3^* = 1000. \end{aligned}$$

即最优决策如表 10.3 所示.

表 10.3

月份	s_k	y_k	x_k
1	500	500	0
2	0	0	1000
3	1000	1000	1000
4	1000	1000	0

最大总利润为 $f_1(500) = 12 \times 500 + 10 \times 1000 = 16000$.

10.3 动态规划的计算方向

从以上两个例题的计算过程可以看出, 反向回归的求解过程是动态规划方法的一个重要特征. 这种解题方法的寻优方向与全过程的方向相反. 而对问题的反向求索往往更有利于对其本质属性的揭示和描述. 可以看出, 反向递归的求解过程能较好地体现动态规划问题的最优化原理, 因而是求解动态规划问题的一种重要方法.

求解动态规划的另一种重要方法是正向递归. 所谓正向递归就是从始点出发逐段向前递归计算, 直至终点, 以求得全过程的最优解. 这时, 其寻优方向与全过程的发展方向是一致的.

用正向递归建立的动态规划函数基本方程如下:

$$\begin{cases} f_k(s_k) = \text{opt}(v_k(s_k, d_k(s_k) + f_{k-1}(s_{k-1}), \\ \qquad\qquad d_k(s_k) \in D_k(s_k) \quad (k = 1, 2, \cdots, n), \\ f_0(s_0) = 0, \end{cases} \tag{10.5}$$

这里, $f_k(s_k)$ 为从初始阶段到第 k 阶段状态 s_k 上采取最优子策略或最优策略所获得的最优指标函数值. $V_k(s_k, d_k(s_k))$ 为系统在第 k 阶段状态 s_k 时采取决策 $d_k(s_k)$ 的阶段指标. 状态变量 s_k 则描述该阶段结束时的系统状况.

从函数基本方程 (10.1) 和 (10.5) 建立的递归关系来看, 反向递归与正向递归两种不同的解题方法所得的结果应该相同. 在求解动态规划问题时, 正向规划的方法有时较为困难, 而反向递归的方法往往更为有效. 甚至有些动态规划问题只能采用反向递归的方法求解, 而无法利用正向递归. 同样, 有些问题只能采用正向递归方法求解. 因此, 计算方向应该根据问题的特点和所构成的函数基本方程来确定.

下面的动态规划问题将采用正向递归的方法来解决.

例 10.3.1 某厂在未来 3 个月连续生产某种产品. 每月月初开始生产, 月产量为 x, 生产成本为 x^2, 库存费为每月每单位 1 元. 假如 3 个月的需求量预测为: $b_1=100, b_2=110, b_3=120$. 且初始存货 $s_0=0$, 第三个月的期末存货 $s_3=0$. 问应如何安排生产使总成本最小.

解 以月为阶段, 该问题分为 3 个阶段. 设 x_k 为第 k 月的产量, s_k 为第 k 月月末的库存量, $v_k(s_k,x_k)$ 为第 k 月的成本, $f_k(s_k)$ 为从第 1 月到第 k 月按最优策略安排生产的总成本.

状态转移方程为 $s_{k-1}=s_k-x_k+b_k, s_k \geqslant 0, x_k \geqslant 0, k=1,2,3$ 且 $s_0=0, s_3=0$.

建立正向递归的函数方程为

$$\begin{cases} f_k(s_k)=\min\{v_k(s_k,x_k)+f_{k-1}(s_{k-1})\}, \\ \qquad x_k \geqslant 0 \quad (k=1,2,3), \\ f_0(s_0)=0. \end{cases}$$

当 $k=1$ 时,

$$f_1(s_1)=\min v_1(s_1,x_1)=\min\{x_1^2+s_1\}.$$

由 $x_1^*=b_1+s_1-s_0=b_1+s_1$, 得

$$f_1(s_1)=(b_1+s_1)^2+s_1, s_1 \geqslant 0.$$

当 $k=2$ 时,

$$\begin{aligned} f_2(s_2) &= \min\{x_2^2+s_2+f_1(s_1)\}=\min\{x_2^2+s_2+(b_1+s_1)^2+s_1\} \\ &= \min\{x_2^2+s_2+(b_1+b_2-x_2+s_2)^2+(b_2-x_2+s_2)\}. \end{aligned}$$

利用微分求积值的方式求 x_2 的值, 令上式花括号中关于 x 中的函数对 x_2 的导数等于 0, 即

$$2x_2-2(b_1+b_2+s_2)+2x_2-1=0.$$

求得

$$x_2^*=\frac{1}{2}(b_1+b_2+s_2)+\frac{1}{4} \geqslant 0.$$

于是有

$$f_2(s_2)=\frac{1}{2}\left[(b_1+b_2+s_2)+\frac{1}{2}\right]^2-\frac{1}{4}-s_2+b_1, s_2\geqslant 0.$$

当 $k=3$ 时,

$$\begin{aligned}f_3(s_3)&=\min\{x_3^2+s_3+f_2(s_2)\}=\min\left\{x_3^2+s_3+\frac{1}{2}\left[(b_1+b_2+s_2)+\frac{1}{2}\right]^2\right.\\&\quad\left.+s_2-b_1-\frac{1}{4}\right\}\\&=\min\left\{x_3^2+s_3+\frac{1}{2}\left[(b_1+b_2+b_3-x_3+s_3)+\frac{1}{2}\right]^2+b_3-x_3+s_3-b_1-\frac{1}{4}\right\}\\&=\min\left\{x_3^2+\frac{1}{2}\left[(b_1+b_2+b_3-x_3)+\frac{1}{2}\right]^2+b_3-x_3-b_1-\frac{1}{4}\right\}.\end{aligned}$$

用微分法求 x_3 的值, 令上式花括号中关于 x 的函数对 x_3 的导数等于 0, 即

$$2x_3-\left(b_1+b_2+b_3-x_3+\frac{1}{2}\right)-1=0.$$

求得

$$x_3^*=\frac{1}{3}(b_1+b_2+b_3)+\frac{1}{2}.$$

将 b_1,b_2,b_3 的值代入上式, 并依次往回迭代, 即可得到每月的产量如下:

$$\begin{aligned}&x_3^*=110.5,\\&s_2=b_3-x_3+s_3=9.5,\\&x_2^*=110,\\&s_1=b_2-x_2+s_2=9.5,\\&x_1^*=109.5.\end{aligned}$$

全期的最小总成本为

$$f_3(s_3)=110.5^2+0.5\times 220^2+120-110.5-100-0.25=36319.5.$$

10.4 动态规划的求解形式

至今我们在求解动态规划问题的过程中一直采用解析的求解形式. 这是因为在利用递归关系进行计算时, 由于阶段与备选状态都不多, 对过程中间的信息处理并不复杂. 在这种情况下, 解析的求解过程显得很方便. 当问题所划分的阶段和可

供选择的状态较多时, 可以采用另一种有效的求解形式进行求解, 这就是表格形式. 利用表格形式, 可以使各阶段、各状态下采取各种决策所获得的各个不同的结果和最佳结果得到有效的管理, 从而有利于问题的解决. 下面的例子可以说明表格形式的动态规划求解过程.

例 10.4.1 (生产存储问题) 某工厂与购货单位签订的供货合同如表 10.4 所示.

表 10.4

月份	1	2	3	4	5	6
交货量 (百件)	1	3	2	3	2	1

表 10.4 中的数字为月份交货量. 该厂每月最大产量为 4 百件, 仓库的存货能力为 3 百件. 已知每一百件货物的生产费用为一万元. 在生产月份, 每批产品的生产准备费为 4 万元, 仓库管理费为每一百件货物每月一千元. 假定 1 月份开始时及 6 月底交货后仓库中都无存货, 问该厂如何安排每月的生产与库存, 才能既满足交货合同的要求, 又使总费用最小?

解 以每个月为一个阶段, 整个合同期共划分为 6 个阶段, $n = 6, k = 1, 2, 3, 4, 5, 6$.

设状态变量 s_k 表示第 k 月初的库存量:

决策变量 d_k 表示第 k 月的计划产量:

c_k 表示 k 月的合同交货量:

状态转移方程为 $(k = 6, 5, 4, 3, 2, 1)$

$$s_{k+1} = s_k + d_k - c_k.$$

k 月的总费用包括生产费和库存费两项, 记为 $v_k(s_k, d_k)$, 则

$$v_k(s_k, d_k) = \begin{cases} 4 + 10d_k + s_k, & 0 < d_k \leqslant 4, \\ 0 + s_k, & d_k = 0. \end{cases}$$

又设 $f_k(s_k)$ 表示 k 月初仓库存货为 s_k 时, 从 k 月初到 6 月底按最优计划安排生产工厂必须支付的最小总费用, 则有反向递归关系:

$$\begin{cases} f_k(s_k) = \min\{v_k(s_k, d_k) + f_{k+1}(s_{k+1})\}, & 0 \leqslant d_k \leqslant 4, s_k + d_k \geqslant c_k, \\ f_7(s_7) = 0. \end{cases}$$

当 $k = 6$ 时, 由于 $c_6 = 1, s_7 = 0$, 所以 s_6 只能是 0 或 1, 相应的 d_6 也只能是 1 或 0.

计算结果如表 10.5 所示.

表 10.5

s_6	d_6	$v_6(s_6,d_6)$			s_7	$f_6(s_6)$	$d_6^*(s_6)$
		生产费	库存费	合计			
0	1	14	0	14	0	14	1
1	0	0	1	1	0	1	0

从表 10.5 可以看出, 对应于确定的 s_6, 都只有唯一的一个允许决策. 因此, 它也就是最优决策 $d_6^*(s_6)$.

当 $k=5$ 时, 由于 $c_5=2, s_6=0$ 或 1, 故 s_5 可能取值为 $0,1,2,3$.

计算结果如表 10.6 所示.

表 10.6

s_5	d_5	$v_5(s_5,d_5)$			s_6	$f_6(s_6)$	$f_5(s_5)$	$d_5^*(s_5)$
		生产费	库存费	合计				
0	2	24	0	24	0	14	38	
	3	34	0	34	1	1	35*	3
1	1	14	1	15	0	14	29	
	2	24	1	25	1	1	26*	2
2	0	0	2	2	0	14	16*	0
	1	14	2	16	1	1	17	
3	0	0	3	3	1	1	4*	0

$k=4,3,2,1$ 的计算结果如表 10.7~表 10.10 所示.

表 10.7

s_4	d_4	$v_4(s_4,d_4)$			s_5	$f_5(s_5)$	$f_4(s_4)$	$d_4^*(s_4)$
		生产费	库存费	合计				
0	3	34	0	34	0	35	69*	3
	4	44	0	44	1	26	70	
1	2	14	1	25	0	35	60*	2
	3	34	1	35	1	26	61	
	4	44	1	45	2	16	61	
2	1	14	2	16	0	35	51	
	2	24	2	26	1	26	52	
	3	34	2	36	2	16	52	
	4	44	2	46	3	4	50*	4
3	0	0	3	3	0	35	38*	0
	1	14	3	17	1	26	43	
	2	24	3	27	2	16	43	
	3	34	3	37	3	4	41	

表 10.8

s_3	d_3	$v_3(s_3,d_3)$			s_4	$f_4(s_4)$	$f_3(s_3)$	$d_3^*(s_3)$
		生产费	库存费	合计				
1	4	44	1	45	0	69	114*	4
2	3	34	2	36	0	69	105*	3
	4	44	2	46	1	60	106*	
3	2	24	3	27	0	69	96*	2
	3	34	3	37	1	60	97	
	4	44	3	47	2	50	97	

表 10.9

s_2	d_2	$v_2(s_2,d_2)$			s_3	$f_3(s_3)$	$f_2(s_2)$	$d_2^*(s_2)$
		生产费	库存费	合计				
0	3	34	0	34	1	114	148*	3
	4	44	0	44	2	105	149	
1	2	24	1	25	1	114	139*	2
	3	34	1	35	2	105	140	
	4	44	1	45	3	96	141	
2	1	14	2	16	1	114	130*	1
	2	24	2	26	2	105	131	
	3	34	2	36	3	96	132	
3	0	0	3	3	1	114	117*	0
	1	14	3	17	2	105	122	
	2	24	3	27	3	96	123	

表 10.10

s_1	d_1	$v_1(s_1,d_1)$			s_2	$f_2(s_2)$	$f_1(s_1)$	$d_1^*(s_1)$
		生产费	库存费	合计				
0	1	14	0	14	0	148	162	
	2	24	0	24	1	139	163	
	3	34	0	34	2	130	164	
	4	44	0	44	3	117	161*	4

从表 10.10 开始, 反向追踪可求得全过程的最优策略.

由表 10.10 可知 $f_1(0)=161$, 这就是全过程的最小总费用; 构成最优策略的第一阶段的最优决策为 $d_1^*=4$(1 月份安排生产 4 百件); $s_2=s_1+d_1-c_1=0+4-1=3$. 从表 10.9 可知, $f_2^*(s_2=3)=117$, 相应的最优决策 $d_2^*=0,\cdots$, 最后, 得到该问题的最优策略如表 10.11 所示.

表 10.11

月份 k	月初存货 s_k	最优生产量 d_k^*	交货量 c_k	月底存货量 s_{k+1}	当月费用 $v_k(s_k,d_k)$	各月初到 6 月底最小总费用 $f_k^*(s_k)$
1	0	4	1	3	44	161
2	3	0	2	1	3	117
3	1	4	5	0	45	114
4	0	3	3	0	34	69
5	0	3	2	1	34	35
6	1	0	1	0	1	1

动态规划求解的表格形式不仅使整个求解过程直观有序且操作方便, 而且能够突出求解过程中所产生的关键信息, 使动态规划方法的运用变得很简练. 这一点可以从下面的例题中反映出来.

例 10.4.2 (背包问题) 某工厂生产三种产品, 各种产品重量与利润的关系如表 10.12 所示. 现将此三种产品运往市场出售, 运输能力总重量不超过 6 吨. 问如何安排运输使总利润最大?

表 10.12

种类	重量 (吨/件)	利润 (元/件)
1	2	80
2	4	180
3	3	130

解 按装运产品种类划分为三个阶段, 即装运第 k 种产品为第 k 阶段 ($k=1,2,3$). 设状态变量 s_k 表示可用于装载前 k 种货物的载重量; 决策变量 x_k 表示装载第 k 种货物的件数; a_k 为第 k 种货物的单件重量; c_k 为每装一件第 k 种货物所获得的利润; $v_k(s_k,x_k)$ 表示装载 x_k 件第 k 种货物所得的利润; $f_k(s_k)$ 表示装载能力为 s_k 时, 采取最优策略装载前 k 种货物所得的最大利润. 状态转移方程为

$$s_k = s_{k-1} + a_k x_k, \quad k=1,2,3,$$

其中 $s_0=0$. 根据正向递归关系建立的函数方程为

$$\begin{cases} f_k(s_k) = \max\{c_k x_k + f_{k-1}(s_{k-1})\}, \\ \qquad x_k \in \{0,1,\cdots,[s_k/a_k]\}, \quad k=1,2,3, \\ f_0(s_0) = 0. \end{cases}$$

当 $k=1$ 时,

$$f_1(s_1)=\max\{80x_1\},\quad x_1\in D_1(s_1),$$

当 $s_1=0,1$ 时, $D_1(s_1)=\{0\}$,
当 $s_1=2,3$ 时, $D_1(s_1)=\{0,1\}$,
当 $s_1=4,5$ 时, $D_1(s_1)=\{0,1,2\}$,
当 $s_1=6$ 时, $D_1(s_1)=\{0,1,2,3\}$.
计算结果如表 10.13 所示.

表 10.13

s_1	c_1x_1				$f_1(s_1)$	x_1^*
	0	1	2	3		
0, 1	0				0	0
2, 3	0	80			80	1
4, 5	0	80	160		160	2
6	0	80	160	240	240	3

当 $k=2$ 时,

$$f_2(s_2)=\max\{180x_2+f_1(s_2-4x_2)\},\quad x_2\in D_2(s_2),$$

当 $s_2=0,1,2,3$ 时, $D_2(s_2)=\{0\}$,
当 $s_2=4,5,6$ 时, $D_2(s_2)=\{0,1\}$.
计算结果如表 10.14 所示.

表 10.14

s_2 \ x_2	$180x_2+f_1(s_2-4x_2)$		$f_2(s_2)$	x_2^*
	0	1		
0, 1	0+0		0	0
2, 3	0+80		80	0
4, 5	0+160	180+0	180	1
6	0+240	180+80	260	1

当 $k=3$ 时,

$$f_3(s_3)=\max\{130x_3+f_2(s_3-3x_3)\},\quad x_3\in D_3(s_3),$$

当 $s_3=0,1,2$ 时, $D_3(s_3)=\{0\}$,
当 $s_3=3,4,5$ 时, $D_3(s_3)=\{0,1\}$,
当 $s_3=6$ 时, $D_3(s_3)=\{0,1,2\}$.

计算结果如表 10.15 所示.

表 10.15

s_3 \ x_3	$130x_3+f_2(s_3-3x_3)$			$f_3(s_3)$	x_3^*
	0	1	2		
6	0+260	130+0	260+0	260	2

由计算结果按次序反推, 便可得到最优解有两个:

(1) $x_1=0, x_2=0, x_3=2$; (2) $x_1=1, x_2=1, x_3=0$.

最大总利润为 260 元.

在解决较复杂的动态规划问题时, 我们可以将求解过程的解析形式与表格形式结合来, 使动态规划问题的求解变得更为顺利.

例 10.4.3 (设备更新问题)　设某企业在今后 4 年内需使用一辆卡车. 现有一辆已使用 2 年的旧车, 年根据统计资料分析, 预计卡车的年收入、年维修费 (包括油料等费)、一次更新重置费及 4 年后残值如表 10.16 所示, 表中 $k=1,2,3,4$.

表 10.16

i	0	1	2	3	4	5	6
$r_k(i)$	16	14	11	8	5	2	—
$v_k(i)$	1	2	2	3	4	4	—
$c_k(i)$	—	18	21	25	29	34	—
$t_5(i)$	—	15	12	8	3	0	0

试确定 4 年中的最优更新计划, 以使总利润最大.

解　该问题为四阶段决策问题. $n=4$.

决策变量 d_k 表示第 k 年年初 $(k=1,2,3,4)$ 对役龄为 s_k 的机器采用的决策, 它只能取两个值; 更新 (R) 或继续使用 (K), 即 $D_k(s_k)=\{R,K\}$.

状态转移方程;

$$s_{k+1}=\begin{cases}s_k+1, & d_k=K,\\ 1, & d_k=R.\end{cases}$$

此外, 设 $t_5(s_5)$ 表示第 4 年年底 (第 5 年初) 役龄为 s_5 的机器残值;

$r_k(s_k)$ 表示第 k 年年初役龄为 s_k 的机器继续使用一年的年收入;

$w_k(s_k)$ 表示第 k 年年初役龄为 s_k 的机器继续使用一年的维修费 (包括因维修而减少生产所引起的损失);

$c_k(s_k)$ 表示第 k 年年初对役龄为 s_k 的机器进行更新时的一次性以旧换新的费用 (购买和安装新机器的费用与旧机器残值之差).

第 k 年的年利润为

$$v_k(s_k,d_k)=\begin{cases}r_k(s_k)-u_k(s_k), & d_k=K,\\ r_k(0)-u_k(0)-c_k(s_k), & d_k=R.\end{cases}$$

设 $f_k(s_k)$ 表示第 k 年至第 4 年内, 期初有一台役龄为 s_k, 采用最优更新策略所能获得的最大利润, 则函数方程为

$$\begin{cases}f_k(s_k)=\max\begin{Bmatrix}v_k(s_k,d_k)+f_{k+1}(s_{k+1})|d_k=K\\ v_k(s_k,d_k)+f_{k+1}(1)|d_k=R\end{Bmatrix},\\ \qquad d_k\in\{K,R\},\quad k=4,3,2,1,\\ f_5(s_5)=t_5(s_5).\end{cases}$$

由上述方程的反向递归关系有, $f_5(s_5)=t_5(s_5)$. 其结果如表 10.17 所示.

表 10.17

s_5	1	2	3	4	5	6
$f_5(s_5)$	15	12	8	3	0	0

当 $k=4$ 时, 由于 $s_1=2$, 所以 s_4 的可能值为 $1,2,3,5$, 即 $s_4\in\{1,2,3,5\}$. 计算结果如表 10.18 所示.

表 10.18

s_4	1	2	3	4	5
$f_4(s_4)$	24	17	8	—	−2
d_4^*	K	K	K	—	K

计算示例:

$$f_4(1)=\max\begin{Bmatrix}r_4(1)-u_4(1)+f_5(2)|d_4(1)=K\\ r_4(0)-u_4(0)-c_4(1)+f_5(1)|d_4(1)=R\end{Bmatrix}$$

$$=\max\begin{Bmatrix}14-2+12^*\\ 16-1-18+15\end{Bmatrix}=24.$$

$$d_4^*(1)=K.$$

$$f_4(5)=\max\left\{\begin{array}{c} r_4(5)-u_4(5)+f_5(6)|d_4(5)=K \\ r_4(0)-u_4(0)-c_4(5)+f_5(1)|d_4(5)=R \end{array}\right\}$$

$$=\max\left\{\begin{array}{c} 2-4+0^* \\ 16-1-34+15 \end{array}\right\}=-2.$$

$$d_4^*(5)=K.$$

当 $k=3$ 时, $s_3\in\{1,2,4\}$, 计算结果如表 10.19 所示.

表 10.19

s_3	1	2	3	4
$f_3(s_3)$	29	18	—	10
$d_3^*(s_3)$	K	R	—	R

计算示例:

$$f_3(1)=\max\left\{\begin{array}{c} r_3(1)-u_3(1)+f_4(2)|d_3(1)=K \\ r_3(0)-u_3(0)-c_3(1)+f_4(1)|d_3(1)=R \end{array}\right\}$$

$$=\max\left\{\begin{array}{c} 14-2+17^* \\ 16-1-18+24 \end{array}\right\}=29.$$

$$d_3^*(1)=K.$$

$$f_3(2)=\max\left\{\begin{array}{c} r_3(2)-u_3(2)+f_4(3)|d_3(2)=K \\ r_3(0)-u_3(0)-c_3(2)+f_4(1)|d_3(2)=R \end{array}\right\}$$

$$=\max\left\{\begin{array}{c} 11-2+8 \\ 16-1-21+24^* \end{array}\right\}=18.$$

$$d_3^*(2)=R.$$

当 $k=2$ 时, $s_2\in\{1,3\}$, 计算结果如表 10.20 所示.

表 10.20

s_2	1	2	3
$f_2(s_2)$	30	—	19
$d_2^*(s_2)$	K	—	R

计算过程:

$$f_2(1)=\max\left\{\begin{array}{c} r_2(1)-u_2(1)+f_3(2)|d_2(1)=K \\ r_2(0)-u_2(0)-c_2(1)+f_3(1)|d_2(1)=R \end{array}\right\}$$

$$=\max\left\{\begin{array}{c} 14-2+18^* \\ 16-1-18+29 \end{array}\right\}=30.$$

$$d_2^*(1)=K.$$

$$f_2(1)=\max\left\{\begin{array}{c} r_2(3)-u_2(3)+f_3(4)|d_2(3)=K \\ r_2(0)-u_2(0)-c_2(3)+f_3(1)|d_2(3)=R \end{array}\right\}$$

$$=\max\left\{\begin{array}{c} 8-3+10 \\ 16-1-25+29^* \end{array}\right\}=19.$$

$$d_2^*(3)=R.$$

当 $k=1$ 时, $s_1=2$.

$$f_1(2)=\max\left\{\begin{array}{c} r_1(2)-u_1(2)+f_2(3)|d_1(2)=K \\ r_1(0)-u_1(0)-c_1(2)+f_2(1)|d_1(2)=R \end{array}\right\}$$

$$=\max\left\{\begin{array}{c} 11-2+19^* \\ 16-1-21+30 \end{array}\right\}=28.$$

$$d_1^*(2)=K.$$

由 $s_1=2$ 与 $d_1^*(2)=K$ 可知 $s_2=3$. 从表 4.20 得 $d_2^*(3)=R$, 因此, $s_3=1$. 从表 4.19 得 $d_3^*(1)=K$, 因此, $s_4=2$. 再从表 4.18 得 $d_4^*(2)=K$. 综上所述, 计划期内的最优更新策略为 $\{K,R,K,K\}$, 即今后 4 年内, 仅在第 2 年年初进行一次更新. 4 年可获得最大利润为 28 个单位.

10.5 习　题

1. (基建投资问题) 一家公司有三个工厂, 每个厂都需要进行扩建. 公司用于扩建的资金总共为 7 万元. 各个厂的投资方案及扩建后预期可获得的利润如下表所示 (单位: 万元).

厂名	方案 1		方案 2		方案 3		方案 4	
	投资数	利润	投资数	利润	投资数	利润	投资数	利润
一厂	0	0	1	5	2	8	3	10
二厂	0	0	1	3	3	9	4	11
三厂	0	0	2	7	3	11	4	13

现在公司要确定对各厂投资多少才能使公司的总利润达到最大.

2. 某仓库有一辆载重量为 10 吨的卡车, 现要装运以下三种货物, 这三种货物的每件重量和单价如下表所示.

货物	每件重量	单价
A	2	40
B	3	58
C	4	72

现在要确定这三种货物应各装几件, 才能使这辆卡车所装货物的价值最大. 如果用动态规划解这个问题, 试确定阶段、各阶段的方案及其相应的数量指标和各阶段的状态.

3. 根据订货合同, 某工厂在上半年各月月末应交出货物的数量如下表所示.

月份	1	2	3	4	5	6
交货数量 (件)	100	200	500	300	200	100

该厂每月最多能生产 400 件, 仓库的储存容量最多为 300 件. 已知每百件货物的生产成本为 10000 元. 如果某月生产该种货物, 则应负担固定费用 4000 元. 仓库保管费用是每百件每月 500 元. 假定在年初无存货, 而在六月底交货后应无剩余. 现在要确定每个月应生产多少件货物, 才能既满足订货合同又使总成本最少. 如果用动态规划解这个问题, 试确定阶段、各阶段的方案及其相应的数量指标和各阶段的状态.

4. (货船装运问题) 有四种货物准备装到一艘货船上. 第 $i\,(i=1,2,3,4)$ 种货物的每一箱重量是 ω_i(单位: 吨), 其价值是 ν_i(单位: 千元), 如下表所示.

i	ω_i	ν_i
1	2	4
2	1	2
3	4	7
4	3	5

假定这艘货船的总载重量是 10 吨, 现在要确定这四种货物应各装几箱才能使装卸货物的总价值达到最大.

5. 假定某厂在明年头四个月对燃料的需求量以及各月的固定订货费和单位存储费用如下表所示.

如果每吨燃料的价格是 800 元, 该厂在每月开始时采购, 问每月应采购多少才能在保证供应的情况下使总成本最少.

月份	需求量 ξ_i(吨)	固定订货费 K_i(元)	单位存储费 h_i(元)
1	2	200	50
2	1	150	40
3	4	100	40
4	2	100	40

6. 假定要考虑某种设备在今后三年内的更新问题. 在每年年初作出一项决策: 是继续使用还是更新. 新的设备成本是 10(单位: 千元, 以下同). 使用七年后的残值在 $t \leqslant 3$ 时是 $s(t) = 3 - t$; 在 $t > 3$ 时是零. 另一方面, 使用 t 年后每年所创造的利润在 $t \leqslant 3$ 时是 $p(t) = 9 - t^2$; 而在 $t > 3$ 时是零. 问这三年的每一年年初应如何作出决策, 才能使三年内的总利润达到最大? 假定在第一年年初设备已使用了一年.

7. 某公司有五套新设备, 拟分配给所属的一、二、三厂. 各厂将不同套数的新设备投入生产后, 每年创造的产值 (单位: 万元) 如下表.

新设备的套数

厂名	0	1	2	3	4	5
一厂	0	3	7	9	12	14
二厂	0	5	8	10	13	16
三厂	0	4	6	11	12	15

现在要确定应怎样分配这五套新设备, 才能使整个公司所增加的总产值最多. 如果用动态规划的逆序计算解这个问题, 试确定阶段、各阶段的方案及其相应的数量指标和各阶段的状态, 并写出基本方程.

8. 某工厂的一种产品在明年头四个月的计划产量分别是 3000 件、4000 件、5000 件和 3000 件. 工厂在生产该种产品时, 每月需负担固定成本 10 万元, 如当月未生产该种产品, 则不负担固定成本. 单位变动成本 (原材料、工资和直接动力费等) 在 1 月和 2 月是 50, 在 3 月和 4 月是 45 元. 由于设备的限制, 每月最多只能生产该种产品 5000 件. 又当月生产的该种产品如未能售出, 则转入库存后, 每个月要负担 8 元的存储费用.

假定在明年年初该种产品无存货, 到 4 月底时所有产品才能售出. 问明年头四个月应各生产该种产品多少件, 才能使生产和存储的总成本最少?

9. 某企业要考虑一种设备在五年内的更新问题. 在每年年初要作出决策, 是继续使用还是更新. 如果继续使用, 则需支付维修费用. 已知使用了不同年限后的设备每年所需的维修费用如下 (单位: 百元).

使用年	0—1	1—2	2—3	3—4	4—5
每年维修费用	5	6	8	11	18

如果要更新设备, 则已知在各年年初该种设备的价格如下表所示 (残值忽略不计).

年	1	2	3	4	5
价格 (百元)	11	11	12	12	13

如果开始时设备已使用一年, 问每年年初怎样作出决策, 才能使五年内该项设备的购置和维修费用最少?

第 11 章 优化求解的软件实现

11.1 优化软件概况

从 20 世纪后半期开始, 最优化这门学科蓬勃发展. 许多新的理论和算法已经用来解决科学计算和工程应用中的许多问题. 在现实生活中, 最优化问题也存在方方面面, 其应用遍布于工农业生产、工程技术、交通运输、生产管理、经济问题、国防、金融、分配和定位问题、运筹学、统计、机构优化、工程设计、网络传输问题、数据库问题、化学工程设计和控制、分子生物学等方面. 最优化问题已受到科研机构、政府部门和产业部门的高度重视. 很多实际问题都可以抽象转化成最优化问题, 然后从数学的角度求解其最优解, 即对于给出的实际问题, 从众多的选择中选出符合条件的最优方案. 最优化可以追溯到十分古老的极值问题. 为了求解最优化问题, 人们构造了很多经典的算法, 并且他们很多都有了串行实现. 但是在求解如天气预报、石油勘探等大规模问题时, 用串行算法要用时几天, 几年甚至更长的时间, 于是最优化问题的并行计算是十分有效的途径, 好的算法可以节约大量的时间, 同时高性能最优化软件也应运而生.

高性能最优化软件包括几大要素, 如对已经很成熟的算法的高效解法器、对在最优化中出现的数值线性代数问题的高效解法器, 最重要的是能够发掘出问题的稀疏性和特殊的数据结构来处理大规模问题的快速算法. 当然, 对大规模最优化问题的快速算法要依赖于并行. 因而开发高效的并行最优化软件或者将现有的串行算法合理的并行化, 对于求解大规模最优化问题是十分必要的.

在现实生活中, 许多实际问题需要最大化或者最小化目标函数. 最优化也在科学计算领域扮演着主要的角色. 因而, 研究人员开发最优化问题的软件包方面下了很大功夫, 并且已经开发了很多串行的软件包, 其大多数都在 NEOS Server 里, 如 NAG Fortran 库、IMSL 库. 一些包含最优化例程的并行库如基于 PETSc 的 TAO, PSEs 及 Argonne 国家实验室和 NSF 并行计算中心开发的并行最优化自动微分程序库.

11.1.1 求解最优化问题的常用方法

对不同类型的问题有不同的求解方法, 解线性规划问题的单纯形法、整数规划的分枝定界法和枚举法、解非线性问题的牛顿法、非二次模型最优化方法、罚函数法、可行方向法、信赖域法等. 经验表明, 求解对于数学结构信息知道很少的连续最优化问题, 分枝定界法通常是最好的方法.

11.1.2　几个解最优化问题的软件包

为了在较短时间内, 求出优化问题的解, 人们设计了各种各样的算法, 并以软件的形式实现, 尽管有些并不是最好的, 但是为人们求解优化最优化问题提供了方便. 下面是一些免费的并行优化软件.

(1) TAO 的目标是在高性能机器上求解大规模优化问题. 目的是可移植、高性能、可扩展并行、并且独立于结构的端口. TAO 既适合单处理器, 也适合大规模机器并行结构. 目前 TAO 的版本具有无约束和限界约束最优化的算法. 开发者正把 TAO 推广到非线性约束问题上去.

(2) TRON 是求解大规模约束最优化问题的信赖域 Newton 方法. TRON 利用梯度投影方法来产生 Cauchy 步, 用带不完全 Cholesky 分解的预条件共轭梯度法产生搜索方向, 用投影搜索来计算步长. 特别是投影搜索的利用, 即使对具有很多变量的问题使 TRON 通过产生一些较小的迭代来检查可行域. 结果是 TRON 求解大规模限界约束最优化问题非常有效. TRON 优点是没有对严格补充条件的假设、全局收敛和快速的局部收敛、在有限的迭代次数内完成最优面的辨别、对不完全 Cholesky 分解的可以预先知道的存储需求.

(3) ParaGlobSol 软件包是一并行全局最优化软件包, 用 Fortran90/95 开发的, 以 MPI 作为进程间通信库, 可以并行求解出连续非线性最优化的数值解. 它可以说是基于区间分枝限界算法的串行 GlobSol 软件包的并行实现.

(4) DOSOL 是一用来求解在大分子建模中大距离几何问题的软件包. 既有并行的也有串行的. 距离几何问题是很有趣的数学问题, 在计算生物学、NMR 数据整理分析和蛋白质结构确定方面都有重要实现. 距离几何问题求解起来比较困难. 从复杂性角度来看得到一个距离几何问题的解是 NP 难度. 从优化角度来看, 距离几何问题有许多局部极小的问题. DOSOL 采用全局连续算法、仅依赖于稀疏距离数据特征函数的 Gauss 滤波来求解距离几何问题.

11.2　Mathematica 中优化软件的用法

11.2.1　方程表示

含有未知的等式称为方程. 在 Mathematica 中, 方程通常表示为 leftHands== rightHands 的逻辑表达式, “==” 或 “=” 表示逻辑相等. 方程组通常表示为一些方程构成的列表 “{eqn1, eqn2, $\cdots$}” 或一些方程之间用逻辑与连接起来 “eqn1&&eqn2 &&$\cdots$”. 例如, 语句 “$\{x+y==1, 2x+3y==2\}$” 或 “$x+y==1\&\&2x+3y==2$”

或 “$\{x+y,2x+3y\}==\{1,2\}$” 都表示线性方程组

$$\begin{cases} x+y==1, \\ 2x+3y==2. \end{cases}$$

将方程中的逻辑符号 “==” 换成其他比较运算符, 如 “<”、“<=”、“>”、“>=”、“=”, 得到的表达式都称为不等式. 方程与不等式都可以使用函数 Expand 展开或使用函数 Simplify 化简.

对于逻辑结构比较复杂的方程或不等式可以使用函数 LogicalExpand[expr] 将表达式 expr 展开为一些表达式之间的逻辑或, 即将表达式 expr 化为析取范式. Eliminate[eqns, vars] 可以将方程组 eqns 化简得到一个不含 vars 中任何变元的方程或方程组.

例 11.2.1 在空间直角坐标系中求两个球面 $x^2+y^2+z^2=1$ 和 $x^2+(y-1)^2+(z-1)^2=1$ 的交线在 xOy 平面上的投影方程.

ln[1] := Elimiinate$[\{x^2+y^2+z^2==1,x^2+(y-1)^2+(z-1)^2==1\},z]$ (消去)z

Out[1] = $(2-2y)y==x^2$ 投影方程

$$\begin{cases} (2-2y)y==x^2, \\ z=0. \end{cases}$$

11.2.2 方程求解

Mathematica 中求解方程的主要函数用法如表 11.1 所示.

表 11.1 方程求解函数表

函数	功能
Solve[eqns, vars]	求多项式方 (组)eqns 的所有准确解, vars 为方程组中的所有未知量列表
NSolve[eqns, vars]	求多项式方程的所有数值解
Roots[eqn, var]	求一元多项式方程 eqn 的所有准确解, 方程中的所有未知量为 var
NRoots[eqn, var]	求一元多项式方程 eqn 的所有数值解
Root[f, k]	一元多项式方程 $f=0$ 的第 k 个根
FindRoot[f, {x,a}]	求解函数 $f(x)$ 在 $x=a$ 附近的一个零点
FindRoot[eqns, {x,a}]	求解函数 eqns 在 $x=a$ 附近的一个解
LinearSolve[A, b]	求解矩阵方程 $A(x)=b$ 的 x

例 11.2.2 求直线 $x+y=1$ 与抛物线 $y=x^2$ 的交点.

ln[1] := sol = Solve$[\{x+y==1,y==x^2\},\{x,y\}]$ (解方程组)

Out[1] = $\left\{\left\{y\to\frac{1}{2}(3-\sqrt{5}),x\to\frac{1}{2}(-1+\sqrt{5})\right\},\left\{y\to\frac{1}{2}(3+\sqrt{5}),x\to\frac{1}{2}(-1-\sqrt{5})\right\}\right\}$

ln[2] := N[%] (查看解的数值)

Out[2] = $\{\{y \to 0.381966, x \to 0.618034\}, \{y \to 2.61803, x \to -1.61803\}\}$

例 11.2.3 解方程 $x\sin x - 1 = 0$ 在区间 $[-10, 10]$ 内的所有数值解.

使用 Reduce 函数化简得到解.

```
ln[3]:=Reduce[x Sin[x]−1==0 && −10<=x<=10, x]
        x=Root[{−1+Sin[#1]#1 &, −9.3172429414148096186}] ||
        x=Root[{−1+Sin[#1]#1 &, −6.4391172384172464617}] ||
        x=Root[{−1+Sin[#1]#1 &, −2.7726047082659912340}] ||
        x=Root[{−1+Sin[#1]#1 &, −1.1141571408719300873 0}] ||
Out[3]=
        x=Root[{−1+Sin[#1]#1 &, 1.1141571408719300873 0}] ||
        x=Root[{−1+Sin[#1]#1 &, 2.7726047082659912340}] ||
        x=Root[{−1+Sin[#1]#1 &, 6.4391172384172464617}] ||
        x=Root[{−1+Sin[#1]#1 &, 9.3172429414148096186}] ||
ln[4]:=x/.{ToRules[N[%]]} (把方程转化为规则然后替换 x)
Out[4]={−9.31724, −6.43912, −2.7726, −1.11416, 1.11416, 2.7726,
6.43912, 9.31724}
```

11.2.3 线性规划

线性规划问题是求一个线性函数在线性约束条件下的最值问题. Mathematica 中提供了函数 LinearProgramming 用以线性规划问题的求解, 它的用法如表 11.2 所示.

表 11.2 函数 LinearProgramming 用法表

表达式	功能
LinearProgramming[c, m, b]	求向量 x, 使 cx 在约束 $mx \geqslant b$, $x \geqslant 0$ 下达到极小
LinearProgramming[c, m, b, l]	在由 $m, b, x_i \geqslant l$ 确定的约束下最小化 cx
LinearProgramming[c, m, b, $\{l_1, l_2, \cdots\}$]	在由 $m, b, x_i \geqslant l_i$ 确定的约束下最小化 cx
LinearProgramming[c, m, b, $\{l_1, u_1\}, \{l_2, u_2\}, \cdots$]	在由 $m, b, l_i \leqslant x_i \leqslant u_i$ 确定的约束下最小化 cx
LinearProgramming[c, m, b, lu, dom]	取在域 dom 内的 x 的元素, 它是 Reals 或 Integers
LinearProgramming[c, m, b, lu, $\{dom_1, dom_2, \cdots\}$]	x_i 位于域 dom_i 内

例 11.2.4 求解如下的线性规划问题:

$$\begin{aligned}
\max \quad & 2x - 3y + 4z, \\
\text{s.t.} \quad & 4x + 3y - 2z \leqslant 10, \\
& -3x + 5y - z \leqslant 12, \\
& x + y + 5z \geqslant 8, \\
& -5x - y - z \geqslant 2, \\
& 0 \leqslant y \leqslant 20, z \geqslant 30.
\end{aligned}$$

求解时需要把问题转换成辅助目标函数 $-2x + 3y - 4z$ 的最小值.

```
ln[5]:=c={−2, 3, −4}; m={{4, 3, 2}, {−3, 5, -1}, {1, 1, 5}, {−5,
−1, −1}};
b={{10,−1}, {12,−1}, {8,1}, {2,1}}; lu={{−Infiinity,Infinity},
{0, 20}, {30, Infinity}}; x=LinearProgramming[c, m, b, lu]
Out[5]={−17, 0, 39}
ln[6]:=−c.x (原目标函数的最大值)
Out[6]=122
```

运行结果为当 $x = -17$, $y = 0$, $z = 39$ 时目标函数取得最大值 122.

例 11.2.5 求解如下的整数规划问题:

$$\begin{aligned}
\max \quad & 3x_1 + x_2 + 3x_3 + 3x_4 + x_5 + x_6 + 3x_7 \\
\text{s.t.} \quad & 4x_1 + 3x_2 + 2x_3 + x_4 + x_5 \geqslant 50, \\
& x_2 + 2x_4 + x_5 + 3x_6 \geqslant 20, \\
& x_3 + x_5 + 2x_7 \geqslant 15, \\
& x_i \text{为非负整数}, i = 1, 2, \cdots, 7.
\end{aligned}$$

求解时需要把问题转换成辅助目标函数 $-2x + 3y - 4z$ 的最小值.

```
ln[7]:=c={3, 1, 3, 3, 1, 1, 3}; m={{4, 3, 2, 1, 1, 0, 0}, {0, 1, 0,
2, 1, 3, 0}, {0, 0, 1, 0, 1, 0, 2};
b={{50,1},{20,1},{15,1}; x=LinearProgramming[c,m,b,{},Integers]
Out[7]={0, 12, 0, 0, 15, 0, 0}
ln[8]:=−c.x (原目标函数的最小值)
Out[8]=27
```

结果表明, 当 $x_2 = 12, x_5 = 15, x_1 = x_3 = x_4 = x_6 = x_7 = 0$ 时, 目标函数达到最小值 27.

11.2.4 非线性规划

Mathematica 提供了一些用于计算最小值和最大值的函数, 它们的用法如表 11.3 所示.

表 11.3　函数 LinearProgramming 用法表

表达式	功能
Min[$x_1, x_2, \cdots$] 或 Min[{$x_1, x_2, \cdots$}]	计算离散点列 $x_1, x_2, \cdots$ 的最小值
FindMinimum[f, x]	搜索 f 的局部极小值, 从一个自动选定点开始
FindMinimum[f, {x, x_0}]	搜索 f 的局部极小值, 初始值 $x = x_0$
FindMinimum[f, {{x, x_0}, {y, y_0}, $\cdots$}]	搜索多元函数的极小值
FindMinimum[{f, cons}, {$x, y, \cdots$}]	初始值在约束条件定义的区域内
FindMinimum[$\cdots$]	等价于 First[FindMinimum[$\cdots$]]
Minimize[f, x]	得出以 x 为自变量的 f 的最小值
Minimize[f, {$x, y, \cdots$}]	得出以 $x, y, \cdots$ 为自变量的 f 的最小值
MiniValue[$\cdots$]	等价于 First[Minimize[$\cdots$]]

类似地, Max, FindMaximum, FindMaxValue, FindArgMax, Maximiza, MaxValue, Argmax 是用于计算极大值或最大值的函数, 其意义用法类似, 另外 NMinimize, NMinValue 等函数用于求数值最小解等.

例 11.2.6　求解如下二次规划问题:

$$
\begin{aligned}
\min \quad & z = 3x^2 + y^2 - xy + 0.4y, \\
\text{s.t.} \quad & 1.2x + 0.9y > 1.1, \\
& x + y = 1, \\
& y < 0.7.
\end{aligned}
$$

```
ln[9]:=Minimize=[{3x^2+y^2-xy+0.4y, 1.2x+0.9y>1.1, x+y==1, y<0.7},
{x, y}]
Out[9]={1.35556, {x→0.666667, y→0.333333}}
ln[10]:=ArgMin[{3x^2+y^2-xy+0.4y, 1.2x+0.9y>1.1, x+y==1, y<0.7}, {x,
y}]
Out[10]={0.666667, 0.333333}
ln[11]:=MinValue[{3x^2+y^2-xy+0.4y, 1.2x+0.9y>1.1, x+y==1, y<0.7},
{x, y}]
Out[11]=1.35556
```

11.3　MATLAB 中优化软件的用法

MATLAB(Matrix Laboratory) 的基本含义是矩阵实验室, 它是由美国 MathWork 公司研制开发的一套高性能的集数值计算、信息处理、图形显示等于一体的可视化数学工具软件. 它是建立在向量、数组和矩阵基础之上的, 除了基本的数值计算、数据处理、图形显示等功能之外, 还包含功能强大的多个 “工具箱”, 如优化

工具箱 (Optimization toolbox)、统计工具箱、样条函数工具箱、数据拟合工具箱等都是数学建模的有力工具. 在这里仅简要介绍 MATLAB 6.5 优化工具箱和统计工具箱主要功能的使用方法.

11.3.1 优化工具箱的功能及其应用步骤

1. 基本功能

(1) 求解线性规划和二次规划问题;
(2) 求解无约束条件非线性规划的极小值问题;
(3) 求解带约束条件非线性规划极小值问题;
(4) 求解非线性方程组;
(5) 求解带约束的线性最小二乘问题;
(6) 求解非线性最小二乘逼近和曲线拟合问题.

2. 应用步骤

(1) 根据所提出的最优化问题, 建立最优化问题的数学模型, 确定变量, 约束条件和目标函数;
(2) 对数学模型进行分析研究, 选择合适的最优求解方法;
(3) 根据最优化方法的算法, 选择优化函数, 编程计算.

11.3.2 优化工具箱的函数使用方法

1. 求解单变量函数 (方程) 的根 (解)

1) 基本模型

$$f(x)=0,\quad x\in \mathbf{R},$$

其中 x 为标量, $f(x)$ 为一元函数.

2) 函数 fzero 的调用格式

```
x=fzero(fun, x0);  % 由 x = x0 开始求方程的解.
x=fzeor(fun, x0, opt);  % 设置可选参数值, 而不是采用缺省值.
x=fzeor(fun, x0, opt, P1, P2, ···);  % 传递附加参数 P1, P2, ···.
[x, fval]=fzero(···);  % 要求在迭代中同时返回函数值.
[x, fval, exitflag]=fzero(···);  % 要求返回程序结束标志.
[x, fval, exitflag, output]=fzero(···);  % 要求返回程序的优化信息.
```

3) 参数说明

fun 为函数名; $x0$ 为迭代初值; opt(options) 是一个系统控制参数, 现有 30 多个元素组成, 每个元素都有确定的缺省值, 实际中可以根据需要改变定义; $P1, P2, \cdots$ 为需要直接传给函数 fun 的参数表; fv(fval) 为要求返回函数值; df(exit-flag) 为要求返回程序结束标志; out(output) 为一个结构变量, 返回程序中的一些优化信息, 包括迭代次数, 函数求值次数, 使用的算法, 最终的计算步数和优化尺度等.

2. 求非线性方程组的解

1) 基本模型

$$F(x)=0, \quad x \in \mathbf{R}^n,$$

其中 x 为 n 维向量, $F(x)$ 为向量函数.

2) 函数 fsolve 调用格式

```
x=fsolve(fun, x0);   % 由 x=x0 开始求方程的解.
x=fsolve(fun, x0, opt);   % 设置可选参数值, 而不是采用缺省值.
x=fsolve(fun, x0, opt, P1, P2, ···);   % 传递附加参数 P1, P2, ···.
[x, fval]=fsolve(···);   % 要求在迭代中同时返回函数值.
[x, fval, exitflag]=fsolve(···);   % 要求返回程序结束标志.
[x, fval, exitflag, output]=fsolve(···);   % 要求返回程序的优化信息.
[x, fval, exitflag, output, jac]=fsolve(···);   % 要求返回函数的雅可比矩阵.
```

3) 参数说明

fun 为向量函数名, $x0$ 为方程组解的迭代初值; jac(jacobian) 要求返回函数在 x 处的雅可比矩阵值; 其他参数同前.

3. 求解单变量函数的最小值

1) 基本模型

$$\min f(x), \quad x \in \mathbf{R},$$

$$x_1 \leqslant x \leqslant x_2,$$

其中 $x \in [x_1, x_2]$ 为一维变量, $f(x)$ 为一元标量 (非线性) 函数.

2) 函数 fminbnd 的调用格式

```
x=fminbnd(fun, lb, ub);   % 在区间 [x1, x2] 上求目标函数的最小值.
x=fminbnd(fun, lb, ub, opt);   % 设置可选参数值, 而不是采用缺省值.
x=fminbnd(fun, lb, ub, opt, P1, P2, ···);   % 传递附加参数 P1, P2, ···.
[x, fval]=fminbnd(···);   % 要求在迭代中同时返回目标函数值.
[x, fval, exitflag]=fminbnd(···);   % 要求返回程序结束标志.
[s, fval, exitflag, out]=fminbnd(···);   % 要求返回程序的优化信息.
```

3) 参数说明

fun 为定义的目标函数名; $x1, x2$ 为变量 x 的变化区间下界、上界; 其他参数同前.

4. 求解无约束非线性规划问题

1) 基本模型

$$\min f(x), \quad x \in \mathbf{R}^n,$$

其中 x 为一个向量, $f(x)$ 为一个向量 (非线性) 函数.

2) 函数 fminunc 调用格式

x=fminunc(fun, x0);　% 从初值 x0 开始迭代求目标函数的最小值.

x=fminunc(fun, x0, opt);　% 设置可选参数值, 而不是采用缺省值.

x=fminunc(fun, x0, opt, P1, P2, ···)　% 传递附加参数 P1, P2, ···.

[x, fval]=fminunc(···);　% 要求在迭代中同时返回目标函数值.

[x, fval, exitflag]=fminunc(···);　% 要求返回程序结束标志.

[x, fval, exiaflag, output]=fminunc(···);　%要求返回程序的优化信息.

[x, fval, exitflag, output, grad]=fminunc(···);　% 要求返回函数在 x 处的梯度.

[x, fval, exitflag, output, grad,hess]=fminunc(···);　% 要求返回函数在 x 处的 Hessen 矩阵.

3) 函数 fminsearch 调用格式

x=fminsearch(fun, x0);　% 从初值 x0 开始迭代求目标函数的最小值.

x=fminsearch(fun, x0, opt);　% 设置可选参数值, 而不是采用缺省值.

x=fminsearch(fun, x0, opt, P1, P2, ···);　% 传递附加参数 P1, P2, ···.

[x, fval]=fminsearch(···);　% 要求在迭代中同时返回目标函数值.

[x, fval, exitflag]=fminsearch(···);　% 要求返回程序结束标志.

[x, fval, exitflag, output]=fminsearch(···);　% 要求返回程序的优化信息.

4) 参数说明

fun 为定义的目标 (向量) 函数名; $x0$ 为迭代初值, 可以是标量, 也可以是向量, 或者是矩阵; grads 要求输出目标函数在 x 处的梯度向量; hess(Hessian) 要求输出目标函数在 x 处的 Hessen 矩阵; 其他参数同前.

注　fminunc 是用拟牛顿法或置信域方法实现的, 需要用到函数的导数, 而 fminsearch 是用单纯形搜索法实现的, 不需要用函数的导数.

5. 求解线性规划问题

1) 基本模型

$$
\begin{aligned}
\min\quad & C^{\mathrm{T}} \cdot x, \\
\text{s.t.}\quad & C_1 A_1 x \leqslant b_1, \\
& A_2(x) = b_2, \\
& x_1 \leqslant x \leqslant x_2,
\end{aligned}
$$

其中 x, x_1, x_2 均为向量, A_1, A_2 为常数矩阵, C, b_1, b_2 为常数向量.

2) 函数 linprog 调用格式

x=linprog(C, A, b, Aeq, beq);　% 决策变量无上、下界约束.

x=linprog(C, A, b, Aeq, beq, lb, ub);　% 决策变量有上、下界约束.

x=linprog(C, A, b, Aeq, beq, lb, ub, opt);　% 设置可选参数值，而不是采用缺省值.

x=linprog(C, A, b, Aeq, beq, lb, ub, x0,opt);　% x0 为初始解，缺省值为 0.

[x, fval]=linprog(···);　% 要求在迭代中同时返回目标函数值.

[x, fval, exitflag]=linprog(···);　% 要求返回程序结束标志.

[x, fval,exitflag,output]=linprog(···);　% 要求返回程序的优化信息.

[x, fval, exitflag,output,lambda]=linprog(···);　% 要求返回在程序停止时的 Lagrange 乘子.

3) 参数说明

C 为目标函数的系数向量; A, Aeq 分别为不等式约束和等式约束条件的系数矩阵; b, beq 分别为不等式约束和等式约束条件的常数向量; lb, ub 分别为决策变量的下界和上界; $x0$ 为初始解, 可以是标量, 也可以是向量, 或者是矩阵, 省略此项默认为 0 值; lambda 是一个结构变量, 包含四个字段, 分别表示对应于程序终止时相应约束的 Lagrange 乘子, 即表明相应的约束是否为有效约束; 其他参数同前.

6. 求解二次规划问题

1) 基本模型

$$
\begin{aligned}
\min\quad & \frac{1}{2} x^{\mathrm{T}} \cdot H \cdot x + C^{\mathrm{T}} \cdot x, \\
\text{s.t.}\quad & C_1 A_1 x \leqslant b_1, \\
& A_2(x) = b_2, \\
& x_1 \leqslant x \leqslant x_2,
\end{aligned}
$$

其中 x, x_1, x_2 均为向量, H, A_1, A_2 为常数矩阵, C, b_1, b_2 为常数向量.

2) 函数 quadprog 调用格式

x=quadprog(H, C, A, b, Aeq, beq); % 决策变量无上、下界约束.

x=quadprog(H, C, A, b, Aeq, beq, lb, ub); % 决策变量有上、下界约束.

x=quadprog(H, C, A, b, Aeq, beq, lb, ub, opt); % 设置可选参数值，而不是采用缺省值.

x=quadprog(H, C, A, b, Aeq, beq, lb, ub, x0, opt); % x0 为初始解，缺省值为 0.

x=quadprog(H, C, A, b, Aeq, beq, lb, ub, x0, opt, P1, P2, ⋯); % 传递附加参数 P1, P2, ⋯.

[x, fval]=quadprog(⋯); % 要求在迭代中同时返回目标函数值.

[x, fval, exitflag]=quadprog(⋯); % 要求返回程序结束标志.

[x, fval, exitflag, output]=quadprog(⋯); % 要求返回程序的优化信息.

[x, fval, exitflag, output, lambda]=quadprog(⋯); % 要求返回在程序停止时的 Lagrange 乘子.

3) 参数说明

H 为目标函数中二次项的系数矩阵; C 为目标函数中一次项的系数向量; 其他参数同前.

7. 求解有约束非线性规划问题

1) 基本模型

$$\begin{aligned} \min\quad & f(x), \quad x \in \mathbf{R}^n, \\ \text{s.t.}\quad & C_1(x) \leqslant 0, C_2(x) = 0, \\ & A_1 x \leqslant b_1, A_2 x = b_2, \\ & x_1 \leqslant x \leqslant x_2, \end{aligned}$$

其中 x, x_1, x_2 为一个向量, $f(x)$ 为一个向量 (非线性) 函数, $C_1(x), C_2(x)$ 为非线性函数, A_1, A_2 为常数矩阵, b_1, b_2 为常数向量.

2) 函数 fmincon 调用格式

x=fmincon(fun, x0, A, b); % 给定初值 x0，求解 fun 函数的最小值 x. fun 函数的约束条件为 $Ax \leqslant b$, $x0$ 可以是标量、向量或矩阵.

x=fmincon(fun, x0, A, b, Aeq, beq); % 最小化 fun 函数，约束条件为 Aeqx=beq 和 $Ax \leqslant b$. 若没有不等式存在，则设置 A=[], b=[].

x=fmincon(fun, x0, A, b, Aeq, beq, lb, ub); % 定义设计变量 x 的下界 lb 和上界 ub，使得总是有 lb⩽x⩽ub. 若没有不等式存在，则令 Aeq=[], beq=[].

x=fmincon(fun, x0, A, b, Aeq, beq, lb, ub, nonlcon); % 在上面的基础上，在 nonlcon 参数中提供非线性不等式 c(x)⩽0 或等式 ceq(x)=0. fmincon 函数要求 c(x)⩽0 且 ceq(x)=0. 当无边界存在时，令 lb=[] 和 (或)ub=[].

x=fmincon(fun, x0, A, b, Aeq, beq, lb, ub, nonlcon, opt); % 用 options 参数指定的参数进行最小化.

x=fmincon(fun, x0, A, b, Aeq, beq, lb, ub, nonlcon, opt , P1, P2, ···); % 将问题参数 P1, P2 等直接传递给函数 fun 和 nonlin. 若不需要这些变量，则传递空矩阵到 A, b, Aeq, beq, lb, ub, nonlin 和 options.

[x, fval]=fmincon(···); % 返回解 x 处的目标函数值.

[x, fval, exitflag]=fmincon(···); % 返回 exitflag 参数，描述函数计算的退出条件.

[x, fval, exitflag, output]=fmincon(···); % 返回包含优化信息的输出参数 output.

[x, fval, exitflag, output, lambda]=fmincon(···); % 返回解 x 处包含拉格朗日乘子的 lambda 参数.

[x, fval, exitflag, output, lambda, grad]=fmincon(···); % 返回解 x 处 fun 函数的梯度.

[x, fval, exitflag, output, lambda, grad, hessian]=fmincon(···); % 返回解 x 处 fun 函数的 Hessen 矩阵.

3) 参数说明

fun 为定义的目标 (向量) 函数名; $x0$ 为迭代初值, 可以是标量, 也可以是向量, 或者是矩阵; nonlcon 为非线性约束条件中的函数 $C_1(x)$, $C_2(x)$ 的定义函数名; 其他参数同前.

8. 求解最小最大问题

1) 基本模型

$$\begin{aligned}
\min_x \max_i \quad & F_i(x), \quad x \in \mathbf{R}^n, \\
\text{s.t.} \quad & C_1(x) \leqslant 0, C_2(x) = 0, \\
& A_1(x) \leqslant b_1, A_2 x = b_2, \\
& x_1 \leqslant x \leqslant x_2,
\end{aligned}$$

其中 x, x_1, x_2 为一个向量, $F_i(x)$ 为向量 (非线性) 函数, $C_1(x), C_2(x)$ 为非线性函数, A_1, A_2 为常数矩阵, b_1, b_2 为常数向量.

2) 函数 fminimax 调用格式

x=fminimax(fun, x0); % 初值为 x0，找到 fun 函数的最大最小化解 x.

x=fminimax(fun, x0, A, b); % 给定线性不等式 Ax⩽b，求解最大最小化问题.

x=fminimax(fun, x0, A, b, Aeq, beq); % 给定线性等式，Aeq=beq，求解最大最小化问题. 如果没有不等式存在，则设置 A=[], b=[].

x=fminimax(fun, x0, A, b, Aeq, beq, lb, ub); % 为设计变量定义一系列下限 lb 和上限 ub，使得总有 lb⩽x⩽ub.

x=fminimax(fun, x0, A, b, Aeq, beq, lb, ub, nonlcon); % 在 nonlcon 参数中给定非线性不等式约束 c(x)⩽0 或等式约束 ceq(x)=0，fminimax 函数要求 c(x)⩽0 且 ceq(x)=0. 若没有边界存在，则设置 lb=[] 和（或）ub=[].

x=fminimax(fun, x0, A, b, Aeq, beq, lb, ub, nonlcon, opt); % 用 options 给定的参数进行优化.

x=fminimax(fun, x0, A, b, Aeq, beq, lb, ub, nonlcon, opt, P1, P2, ⋯); % 将问题参数 P1, P2 等直接传递给函数 fun 和 nonlcon，如果不需要变量 A, b, Aeq, beq, lb, ub, nonlcon 和 options，则将它们设置为空矩阵.

[x, fval]=fminimax(⋯); % 返回解 x 处的目标函数值.

[x, fval, maxfval]=fminimax(⋯); % 返回解 x 处的最大函数值.

[x, fval, maxfval, exitflag]=fminimax(⋯); % 返回 exitflag 函数，描述函数计算的退出条件.

[x, fval, maxfval, exitflag, output]=fminimax(⋯); % 返回描述优化信息的结构输出 output 参数.

[x, fval, maxfval, exitflag, output, lambda]=fminimax(⋯); % 返回包含解 x 处 Lagrange 乘子的 lambda 参数.

3) 参数说明

所有参数的含义均同前.

9. 求解线性约束最小二乘问题

1) 基本模型

$$
\begin{aligned}
\min_{x} \quad & \frac{1}{2}||C\cdot x-d||_2^2,\\
\text{s.t.} \quad & C_1A_1x\leqslant b_1,\\
& A_2(x)=b_2,\\
& x_1\leqslant x\leqslant x_2,
\end{aligned}
$$

其中 x,x_1,x_2,d,b_1,b_2 均为向量, C,A_1,A_2 为常数矩阵.

2) 函数 lsqlin 调用格式

x=lsqlin(C, d, A, b);　% 只在不等式约束下，求解最小二乘问题.

x=lsqlin(C, d, A, b, Aeq, beq);　% 在包含有不等式和等式约束下求解最小二乘问题.

x=lsqlin(C, d, A, b, Aeq, beq, lb, ub);　% 在决策变量有上、下界约束的情况下求解.

x=lsqlin(C, d, A, b, Aeq, beq, lb, ub, x0);　% 指定初值 x0 求解.

x=lsqlin(C, d, A, b, Aeq, beq, lb, ub, x0, opt);　% 设置可选参数值.

x=lsqlin(C, d, A, b, Aeq, beq, lb, ub, x0,opt, P1, P2, ⋯);　% 传递附加参数 P1, P2, ⋯.

[x, norm]=lsqlin(⋯);　% 要求返回误差的平方和 $||C\cdot x-d||^2$.

[x, norm, res]=lsqlin(⋯);　% 要求返回误差向量 $C\cdot -d$.

[x, norm, res, exitflag]=lsqlin(⋯);　% 要求返回程序结束标志.

[x, norm, res, exitflag, output]=lsqlin(⋯);　% 要求返回程序的优化信息.

[x, norm, res, exitflag, out, lambda]=lsqlin(⋯);　% 返回在程序停止时的 Lagrange 乘子.

3) 参数说明

C 为线性系统 $C\cdot x=d$ 的系统矩阵; d 为常数向量; norm(resnorm) 为要输出最小二乘线性拟合下的误差平方和; res(residual) 为要输出最小二乘线性拟合下的误差向量; $x0$ 为迭代初值, 可以是标量, 也可以是向量, 或者是矩阵; 其他参数同前.

10. 求解非负线性最小二乘问题

1) 基本模型

$$\min_x \frac{1}{2}||C\cdot x-d||_2^2,$$

$$\text{s.t. } x\geqslant 0,$$

其中 x,d 均为向量, 且 x 为非负的, C 为常数矩阵.

2) 函数 lsqnonneg 调用格式

x=lsqninneg(C, d);

x=lsqninneg(C, d, x0);　% 指定初值 x0 求解相应的问题.

x=lsqninneg(C, d, x0, opt);　% 设置可选参数值，不采用缺省值.

[x, norm]=lsqnonneg(⋯);　% 要求返回误差的平方和 $||C\cdot x-d||^2$.

[x, norm, res]=lsqnonneg(⋯);　% 要求返回误差向量 $C\cdot x-d$.

[x, norm, res, exitflag]=lsqnonneg(⋯);　% 要求返回程序结束标志.

[x, norm, res, exitflag, output]=lsqnonneg(···); % 要求返回程序的优化信息.

[x, norm, res, exitflag, output, lambda]=lsqnonneg(···); % 返回在程序停止时的 Lagrange 乘子.

3) 参数说明

所有参数均同前.

11. 求解非线性最小二乘问题

1) 基本模型

$$\min_x \frac{1}{2}||F(x)||_2^2,$$
$$\text{s.t.} x_1 \leqslant x \leqslant x_2,$$

其中 x, x_1, x_2 均为向量, $F(x)$ 为非线性 (向量) 函数.

2) 函数 lsqnonlin 调用格式

x=lsqnonlin(fun, x0); % 在无约束时, 由 x0 开始迭代求解最小二乘问题.

x=lsqnonlin(fun, x0, lb, ub); % 在决策变量有上下界约束的情况下求解.

x=lsqnonlin(fun, x0, lb, ub, opt); % 设置可选参数值.

x=lsqnonlin(fun, x0, lb, ub, opt, P1, P2, ···); % 传递附加参数 P1, P2, ···.

[x, norm]=lsqnonlin(···); % 要求返回误差的平方和.

[x, norm, res]=lsqnonlin(···); % 要求返回误差向量.

[x, norm, res, exitflag]=lsqnonlin(···); % 要求返回程序结束标志.

[x, norm, res, exitflag,output]=lsqnonlin(···); % 要求返回程序的优化信息.

[x, norm, res, exitflag, output, lambda]=lsqnonlin(···); % 返回在程序停止时的 Lagrange 乘子.

[x, norm, res, exitflag, output, lambda, jac]=lsqnonlin(···); % 返回函数的 Jacobic 矩阵.

3) 参数说明

fun 为自定义的目标函数名; 其他参数均同前.

12. 求解非线性最小二乘拟合问题

1) 基本模型

$$\min_x \frac{1}{2}||F(x,t) - y||_2^2,$$
$$\text{s.t.} \quad x_1 \leqslant x \leqslant x_2,$$

其中 x, t, y, x_1, x_2 均为向量, $F(x,t)$ 为非线性 (向量) 函数.

2) 函数 lsqlcurvefit 调用格式

x=lsqlscurfit(fun, x0, t, y);　% 在无约束时，由 x0 开始迭代求解最小二乘问题.

x=lsqlscurfit(fun, x0, t, y, lb, ub);　% 在已知 x 的上下界约束的情况下求解.

x=lsqlscurfit(fun, x0, t, y, lb, ub, opt);　% 设置可选参数值.

x=lsqlscurfit(fun, x0, t, y, lb, ub, opt, P1, P2, ⋯);　% 传递附加参数 P1, P2, ⋯.

[x, norm]=lsqlscurfit(⋯);　% 要求返回误差的平方和.

[x, norm, res]=lsqlscurfit(⋯);　% 要求返回误差向量.

[x, norm, res, exitflag]=lsqlscurfit(⋯);　% 要求返回程序结束标志.

[x, norm, res, exitflag, output]=lsqlscurfit(⋯);　% 要求返回程序的优化信息.

[x, norm, res, exitflag, output, lambda]=lsqlscurfit(⋯);　% 返回在程序停止时的 Lagrange 乘子.

[x, norm, res, exitflag, output, lambda, jac]=lsqlscurfit(⋯);　% 返回函数的 Jacobic 矩阵.

3) 参数说明

t, y 为已知的输入数据向量; 其他参数均同前.

13. 求解多目标规划问题

1) 基本模型

$$
\begin{aligned}
&\min \gamma, \\
&\text{s.t.}\ \ F(x) - w \cdot \gamma \leqslant g, \\
&\qquad C_1(x) \leqslant 0, C_2(x) = 0, \\
&\qquad A_1 x \leqslant b_1, A_2 x = b_2, \\
&\qquad x_1 \leqslant x \leqslant x_2,
\end{aligned}
$$

其中 x, w, x_1, x_2 均为向量, $f(x), C_1(x), C_2(x)$ 为向量函数, 一般为非线性的, A_1, A_2 为常数矩阵, b_1, b_2 为常数向量.

2) 函数 fgoalattain 调用格式

x=fgoalattain(fun, x0, goal, weight);　% 试图通过变化 x 来使目标函数 fun 达到 goal 指定的目标. 初值为 x0, weight 参数指定权重.

x=fgoalattain(fun, x0, goal, weight, A, b); % 求解目标达到问题, 约束条件为线性不等式 Ax⩽b.

x=fgoalattain(fun, x0, goal, weight, A, b, Aeq, beq); % 求解目标达到问题, 除提供上面的线性不等式以外, 还提供线性等式 Aeqx=beq. 当没有不等式存在时, 设置 A=[], b=[].

x=fgoalattain(fun, x0, goal, weight, A, b, Aeq, beq, lb, ub); %为设计变量 x 定义下界 lb 和上界 ub 集合, 这样始终有 lb⩽x⩽ub.

x=fgoalattain(fun, x0, goal, weight, A, b, Aeq, beq, lb, ub, nonlcon); % 将目标达到问题归结为 nonlcon 参数定义的非线性不等式 c(x)⩽0 或非线性等式 ceq(x)=0. fgoalattain 函数优化的约束条件为c(x)⩽0和ceq(x)=0. 若不存在边界, 则设置 lb=[] 和 (或)ub=[].

x=fgoalattain(fun, x0, goal, weight, A, b, Aeq, beq, lb, ub, nonlcon, opt); % 用 options 中设置的优化参数进行最小化.

x=fgoalattain(fun, x0, goal, weight, A, b, Aeq, beq, lb, ub, nonlcon, opt, P1, P2, ⋯); % 将问题参数 P1, P2, ⋯. 等直接传递给函数 fun 和 nonlcon. 如果不需要参数 A, b, Aeq, beq, lb, ub, nonlcon 和 options, 则将它们设置为空矩阵.

[x, fval]=fmincon(⋯); % 要求在迭代中同时返回目标函数值.

[x, fval, attainfactor]=fmincon(⋯); % 要求返回与 x 对应的目标向量.

[x, fval, attainfactor, exitflag]=fmincon(⋯); % 要求返回程序结束标志.

[x, fval, attainfactor, exitflag, output]=fmincon(⋯); % 要求返回程序的优化信息.

[x, fval, attainfactor, exitflag, output, lambda]=fmincon(⋯); % 返回在程序停止时的 Lagrange 乘子.

3) 参数说明

fun 为定义的目标 (向量) 函数名; nonlcon 为非线性约束条件中的函数 $C_1(x)$, $C_2(x)$ 的定义函数名; goal 为目标函数值向量; weight 为目标的权值向量; attainfactor 为返回与 x 对应的目标向量; 其他参数同前.

11.4 LINGO 软件的用法

LINDO, LINGO 是一种专门用于求解最优化模型的软件包. 由于 LINDO, LINGO 软件包执行速度很快, 易于输入, 求解和分析数学规划问题, 因此在教育,科研和工业界得到广泛应用. LINDO, LINGO 主要用于求解线性规划、非线性规划、二次规划、整数规划和动态规划等问题, 也可用于一些线性和非线性方程组的求解以及代数方程求根等. LINDO, LINGO 中包含了一种建模语言和许多常用的数学函数 (包括大量概率函数), 可供使用者建立数学规划问题的模型时调用.

LINDO, LINGO 有多种组件和多种版本, 这里主要介绍在 Windows 环境下运行的 LINDO 和 LINGO 软件的基本使用方法.

LINDO 由 Linus Schrage 首先开发, 随后又推出 GINO, LINGO, LINDO NL (又称 LING O2) 和 "What's Best!" 等优化软件, 现在一般仍用 LINDO 作为这些软件的统称. 各组件的功能各有侧重, 分别简要介绍如下:

(1) LINDO 是 Linear Interactive and Discrete Optimizer 字母的缩写形式, 可以用来求解线性优化 (LP-Linear Programming), 整数规划 (IP-Integer Programming) 和二次规划问题 (QP-Quadratic Programming). LINDO 教学版可求解多达 200 个变量和 100 个约束的规划问题.

(2) GINO 是 General Interactive Nonlinear Optimizer 字母的缩写形式, 可用于求解非线性规划 (NLP-Non-Linear Programming) 问题, 也可用于求解一些线性和非线性方程 (组) 以及代数方程求根等. GINO 中包含了各种一般的数学函数 (包括大量概率函数), 可供使用者建立问题模型时调用. GINO 教学版可求解多达 50 个变量和 30 个约束的问题.

(3) LINGO 可用于求解线性规划和整数规划问题.

(4) LINGO NL(LINGO2) 可用于求解线性, 非线性和整数规划问题.

与 LINDO 和 LINGO 不同的是, LINGO NL(LINGO2) 包含了内置的建模语言, 允许以简练, 直观的方式描述较大规模的优化问题, 模型中所需的数据可以以一定格式保存在独立的文件中. LINGO 和 LINGO NL(LINGO2) 教学版可求解多达 200 个变量和 100 个约束的问题. LINDO, LINGO 软件包有多种版本, 但其软件内核和使用方法基本上是类似的. 本章主要介绍在 Windows 环境下运行的 LINDO 和 LINGO (包含 LINGO NL) 组件的基本使用方法.

11.4.1　LINDO 和 LINGO 命令

LINDO, LINGO 转为全屏幕编辑状态, 光标可游动于问题模型中. 有用的编辑设置包括:

< Home >　　光标移动到正文开始处

< End >　　光标移动到正文结尾处

< PgUp > / < PgDn >　　翻页

Cntrl – S 光标移动到当前行的开始
Cntrl – E 光标移动到当前行的结尾
Cntrl – P 光标移动到当前行的匹配括号处
Cntrl – rightarrow 光标移动到当前词的结尾
Cntrl – leftarrow 光标移动到当前词的开始
Cntrl – break 废弃当前输入, 退出 Edit
< Esc > 退出 Edit(退出前检查当前输入有无语法错误, 若有错则改正)

1. **文件菜单** (FILE MENU)

1) 新建 (NEW)

从文件菜单中选用 “新建” 命令, 单击 “新建” 按钮或直接按 F2 键可以创建一个新的 “M-odel” 窗口. 在这个新的 “Model” 窗口中能够输入所要解的模型.

2) 打开 (Open)

从文件菜单中选用 “打开”, 单击 “打开” 按钮或直接按 F3 键可以打开一个已经存在的文本文件. 这个文件可能是一个 Model 文件. 在子目录 LINGO-SAMPLES 下有一些 LINGO 提供的范例文件可供使用.

3) 保存 (SAVE)

从文件菜单中选用 “保存” 命令, 单击 “保存” 按钮或直接按 F4 键用来保存当前活动窗口 (最前台的窗口) 中的模型结果, 命令序列等保存为文件. 如果这个窗口是新建的模型窗口, 其缺省名为 < untitled >, 这时选用保存命令将打开 “另存为 ···” 对话框.

4) 另存为 ··· (SAVE AS···)

从文件菜单中选用 “另存为 ···” 命令或按 F5 键可以将当前活动窗口中的内容保存为文本文件, 其文件名为你在 “另存为 ···” 对话框中输入的文件名. 利用这种方法你可以将任何窗口的内容如模型, 求解结果或命令保存为文件. 如果这个窗口是新建的 Model 窗口, 求解结果或命令窗口, 其缺省名为 “另存为 ···” (SAVE AS ···) 对话框.

5) 关闭 (CLOSE)F6

在文件菜单中选用 “关闭”(CLOSE) 命令或直接按 F6 键将关闭当前活动窗口. 如果这个窗口是名为 < untitled > 的新建模型窗口或已经改变了当前文件的内容, LINGO 将会提示是否想要保存改变后的内容.

6) 打印 (PRINT)F7

在文件菜单中寻用 “打印”(PRINT) 命令, 单击打印按钮或直接按 F7 键可以将当前活动窗口中的内容发送到打印机.

7) 打印设置 (PRINTER SETUP ⋯)F8

在文件菜单中选用 “打印设置 ⋯” 命令或直接按 F8 键可以将文件输出到指定的打印机.

8) 输出到文本文件 (LOG OUTPUT⋯)F9

从文件菜单中选用 LOG OUTPUT⋯ 命令或直接按 F9 键可以将随后原输出到报告窗口的内容输出到文本文件中.

9) 批处理文件 (TAKE COMMANDS ⋯)F11

从文件菜单中选用 TAKE COMMANDS ⋯ 命令或直接按 F11 键可以将命令和模型文件打包成批处理文件, 以便于自动执行.

10) 引入 LINDO 文件 (INPUT LINDO FILE ⋯)F12

从文件菜单中选用 “引入 LINDO 文件”(IMPROT LINDO FILE ⋯) 命令或直接按 F12 键可以打开一个包含 LINDO 格式模型的文件. LINGO 会尽可能将该模型转化为 LINGO 允许的程序.

11) 退出 (EXIT)F10

从文件菜单中选用 “退出”(EXIT) 或按 F10 键可以退出 LINGO 系统.

2. 编辑菜单 (EDIT MENU)

1) 恢复 (UNDO) CTRL+Z

从编辑菜单中选用恢复 (UNDO) 命令或按 CTRL+Z 组合键, 将撤销上次操作恢复至上次操作前的状态.

2) 剪切 (CUT) CTRL+X

从编辑菜单中选用剪切 (CUT) 命令或按 CTRL+X 可以将当前选中的文本清除并将其放置到剪贴板中.

3) 复制 (COPY) CTRL+C

从编辑菜单中选用复制 (COPY) 命令, 单击复制按钮或直接按 CTRL+C 组合键可以将当前选中的文本复制到剪贴板中.

4) 粘贴 (PASTE) CTRL+V

从编辑菜单中选用粘贴 (PASTE) 命令, 单击粘贴按钮或直接按 CTRL+V 可以将剪贴板中的内容复制到当前插入点的位置.

5) 清除 (CLEAR) DEL

从编辑菜单中选用清除 (CLEAR) 命令或直接按 Delete 键可以将当前选中的文本清除, 但不放置到剪贴板中.

6) 查找/替换 ⋯(FIND/REPLACE⋯) CTRL+F

从编辑菜单中选用 “查找/替换 ⋯”(FIND/REPLACE⋯) 命令, 单击查找/替换按钮或直接按 CTRL+F 组合键. 可以在当前活动窗口中查找 “查找什么: ”(Find

What:) 对话框中输入的文本内容. 单击 “查找以下处” (Find Next:) 按钮可以查找下一处满足条件的文本.

要将查找到的文本内容替换为在替换窗口中输入的文本内容, 可以单击 “替换”(Replace) 按钮, 一次可以替换一处查找到的内容. 如果要将所有满足查找条件的文本全部替换可以单击 “Replace All”.

从 “Match Case”(匹配情况) 对话框中可以告诉 LINGO 是查找还是替换满足匹配条件的文本.

7) 到指定行 ···(GO TO LINE ···) CTRL+T

从编辑菜单中选用到指定行 ···(GO TO LINE ···) 命令, 单击 “GO TO LINE ···” 按钮或按 CTRL+T 组合键可以到达当前活动窗口中输入数字的指定行. 可以选择到活动窗口中的第一行或最后一行.

可以在对话框中输入数字 (行号). 如果输入的数字大于当前窗口中的行数, 得到的将是最后一行.

8) 匹配表示 (MATCH PARENTHESIS) CTRL+P

从编辑菜单中选用匹配表示命令, 单击 MATCH PARENTHESIS 按钮或直接按 CTRL+P 组合键可以为你当前选中的开括号查找匹配的闭括号.

9) 粘贴函数 (PASTE FUNCTION)

从编辑菜单中选用 PASTE FUNCTION 命令可以将 LINGO 的内部函数粘贴到当前插入点. 你先要选择要粘贴的函数种类, 然后从级联菜单中选出函数. LINGO 会自动设置函数中的自变量.

10) 全部选定 (SELECT ALL) CTRL+A

从编辑菜单中选用 “全部选定” 命令或直接按 CTRL+A 可以选定当前活动窗口中的所有文本内容.

11) 选择新的字体 ···(CHOOSE NEW FONT ···)

为当前活动窗口选用新的字体来显示或打印文本内容. 如果选择了适当的字体作为缺省字体, 会便于阅读模型和求解结果.

3. LINGO 菜单

1) 求解模型 (SOLVE) CTRL+S

从 LINGO 菜单中选用 “求解”(SOLVE) 命令, 单击 SOLVE 按钮或直接按 CTRL+S 组合键可以将当前模型送入内存进行求解. 如果已打开了多于一个的模型, 那么最前台窗口中的模型将被求解.

2) 求解结果 ···(SOLUTION···) CTRL+O

从 LINGO 菜单中选用 “SOLUTION···” 命令, 单击 SOLUTION··· 按钮或直接按 CTRL+O 组合键可以打开求解结果对话框. 这里可以指定查看当前内存中求解结果的那些内容.

3) 查看 ⋯(LOOK⋯) CTRL+L

从 LINGO 菜单中选用 “LOOK” 命令或直接按 CTRL+L 可以查看选中的或全部的模型文本内容.

4) 输出格式 (RANGE) CTRL+R

从 LINGO 菜单中选用 RANGE 命令或按 CTRL+R 组合键可以查看当前模型的基本行输出格式的结果. 对于基本行输出格式中的内容, 可以: (i) 改变目标函数的系数而不引起最优值的变化; (ii) 改变右侧的系数而不引起对偶最优值的变化.

5) 模型通常形式 (GENERATE⋯) CTRL+G

从 LINGO 菜单中选用 “GENERATE⋯” 或直接按 CTRL+G 组合键可以创建当前模型的代数形式, LINGO 模型或 MPS 格式的文本.

6) 选项 ⋯⋯(OPTION⋯) ALT+O

从 LINGO 菜单中选用 “OPTION⋯” 命令, 单击选项 ⋯⋯ 按钮或直接按 ALT+O 组合键可以改变一些影响 LINGO 求解模型时的参数.

4. 窗口菜单 (WINDOWS MENU)

1) 打开命令行窗口 (OPEN COMMAND WINDOW) ALT+C

从窗口菜单中选用 “打开命令行窗口” 命令或直接按 ALT+C 可以打开 LINGO 的命令行窗口. 在命令行窗口中可以获得命令行界面, 在 “:” 提示符后可以输入 LINGO 命令.

2) 打开状态窗口 (OPEN STATUS WINDOW) ALT+S

从窗口菜单中选用 “OPEN STATUS WINDOW” 命令或直接按 ALT+S 可以打开 LIN GO 的求解状态窗口.

3) 窗口间切换 (SEND TO BACK) ALT+B

从窗口菜单中选用 SEND TO BACK 命令, 单击 SEND TO BACK 按钮或直接按 ALT+B 可以讲最前台的窗口放置到后台. 这个命令在模型窗口与结果窗口间的切换时是非常有用的.

4) 关闭所有打开的窗口 (CLOSE ALL) ALT+X

关闭所有打开的模型和对话框窗口.

5) 窗口排列 (CASCADE) ALT+A

将所有打开的窗口按自左上至右下排列, 当前活动的窗口在最前方.

6) 平铺 (TILE) ALT+T

将所有打开的窗口在 LINGO 程序窗口中进行平铺, 可以通过对话框设置纵向或横向平铺.

7) 排列图标 (ARRANCE ICONS) ALT+I

在屏幕底部排列所有最小化的窗口图标.

8) 列图标 (LIST OF WINDOWS)

在窗口菜单下会列出所有已打开的窗口名称列表, 在当前活动窗口前有一个 "$\surd$".

5. LINGO 的命令行命令

以下将按类型列出在 LINGO 命令行窗口中使用的命令, 每条命令后都附有简要的描述说明.

在 WINDOWS 平台中, 从 LINGO 的窗口菜单中 "打开命令窗口", 便可以在命令提示符 ":" 后输入以下命令.

如果需要以下命令的详细描述说明, 可以查阅 LINGO 的在线帮助 "命令行窗口命令" (Command Window Commands) 目录下的内容.

1) LINGO 信息

CATEGORIES　显示所有命令类型
COMMAND　按类型显示所有 LINGO 命令
QUIT　退出 LINGO 系统
HELP　显示所需命令的简要帮助信息
MEM　显示内存变量的信息

2) 输入 (INPUT)

MODEL　以命令行方式输入一个模型
TAKE　执行一个文件的命令正本或从磁盘中读取某个模型文件

3) 显示 (DISPLAY)

LOOK　显示当前模型的内容
GENL　产生 LINDO 兼容的模型
GEN　生成并显示整个模型
HIDE　为模型设置密码保护

4) 文件输出 (FILE OUTPUT)

DIVERT　将模型结果输出到文件
RVRT　将模型结果输出到屏幕
SAVE　将当前模型保存到文件
SMPS　将当前模型保存为 MPS 文件

5) 求解模型 (SOLUTION)

GO　求解当前模型
SOLUTION　显示当前模型的求解结果
NONZEROES　仅显示非零解
RANGE　以行方式显示目标函数和约束条件 (RHS)
EXPORT　以电子表格方式输出变量值

6) 编辑模型 (PROBLEM EDITING)

DELETE　从当前模型中删除指定的某一行或某几行文本

EXTEND　在当前模型中添加几行

ALTER　通过文本替换一行或几行

EDIT　用全屏幕方式编辑当前模型 (仅用于 DOS 版本)

7) 参数设置 (CONVERSATIONAL PARAMETERS)

PAGE　以 “行” 为单位设置每页长度

TERSE　以简略方式输出结果

VERBOSE　以详细方式输出结果

BATCH　设置屏幕输出的打开或关闭

PAUSE　暂停屏幕输出直至再次使用此命令

TIME　显示当前 LINGO 启动至今的时间

WIDTH　以 “字符” 为单位设置显示和输出宽度

8) 其他 (MISCELLANEOUS)

IPTOL　为整数规划指定适当的公差

BIP　为整数问题设置误差范围

SETP　设置各类 LINGO 的内部参数

6. 帮助菜单 (HELP MENU)

1) 帮助主题 (HELP TOPLIC)

从帮助菜单中选中 “帮助主题” 可以打开 LINGO 的帮助文件.

2) 关于 LINGO(ABOUT LINGO)

关于当前 LINGO 的版本信息.

11.4.2　LINGO 函数

LINGO 具有 8 种类型的函数:

(1) 基本运算符: 包括算术运算符, 逻辑运算符, 如 “+” 和 “−”; 和相等, 不等运算符.

(2) 文件输入函数: 这类函数允许用户将外部文件上的文本和数据输入到模型中.

(3) 金融函数: LINGO 提供了两种常用的金融函数.

(4) 数学函数: 有一个或多个自变量且仅有唯一结果的函数, 包括三角函数在内.

(5) 集合循环设置函数: 对集合进行操作的函数, 例如对一个数集计算它的和, 最大值或最小值.

(6) 变量定义域函数: 这类函数不是直接地计算出结果, 而是对一些变量附加一些限制. 例如, 变量的上界和下界, 或要求变量必须为整数.

(7) 概率函数: LINGO 提供了范围很广的概率和统计函数. 如 Poisson 和 Erlang 函数就在其中.

(8) 其他函数: 各种 LINGO 特有的函数.

1. 基本运算符

上述已介绍过基本运算符. 现将详尽地介绍这些运算符. 这些运算符由于非常基本, 可以不认为他们是一类函数. 事实上, 在 LINGO 中它们是非常重要的函数.

1) 算术运算符

算术运算符是使用在数值运算域中的. LINGO 具有 5 种二元算术运算符 (即对两个运算数进行运算): ^ 乘方; * 乘; / 除; + 加; − 减. LINGO 唯一的一元算术运算符是取反函数, 取反函数用 "−" 即减号表示.

这些运算符的运算等级从高到低为

高 − 取反
* 乘
/ 除
低 + −

运算符的运算次序为从左至右按等级高低来执行. 运算的次序可以用圆括号 "()" 来改变.

2) 逻辑运算符

在 LINGO 中, 逻辑运算符主要用在判断某个变量是否属于一个集合. 如对某个集合元素求和时就需要判断某个元素是否属于该集合.

LINGO 具有 9 种逻辑运算符, 它们的运算等级按如下排列:

♯NOT♯ 否定该操作数的逻辑值, ♯NOT♯ 是一个一元运算符, 它的右边是一个单变量.

♯EQ♯ 如果两个运算数相等, 则返回 TRUE; 反之则返回 FALSE.

♯NE♯ 如果两个运算数不相等, 则返回 TRUE; 如果两个运算数相等, 则返回 FALSE.

♯GT♯ 如果左边的运算数严格大于右边的运算数, 则返回 TRUE; 反之则返回 FALSE.

♯GE♯ 如果左边的运算数大于右边的运算数, 则返回 TRUE; 反之则返回 FALSE.

♯LT♯ 如果左边的运算数严格小于右边的运算数, 则返回 TRUE; 反之则返回 FALSE.

♯LE♯ 如果左边的运算数小于右边的运算数, 则返回 TRUE; 反之则返回 FALSE.

♯AND♯ 返回两个运算数的逻辑与. ♯AND♯ 返回 TRUE 当且仅当两个运算数均为 TURE, 否则返回 FALSE.

♯OR♯ 返回两个运算数的逻辑与. ♯OR♯ 返回 FALSE 当且仅当两个运算数均为 FALSE, 否则返回 TRUE.

3) 相等与不等关系

在 LINGO 中, 相等与不等关系被用在模型中, 用以指出左边的表达式应该是小于等于或等于或大于等于右边的表达式. 它们与逻辑运算符 ♯EQ♯, ♯LE♯, ♯GE♯ 不同, 逻辑运算符仅仅告诉 LINGO 求解的结果必须满足这样的关系.

LINGO 具有 3 种相等和不等关系:

= 表达式左右两边必须相等;

<= 表达式的左边必须小于或等于右边的表达式;

>= 表达式的左边必须大于或等于右边的表达式;

LINGO 中还能使用 “<” 表达小于或等于关系, “>” 表达大于或等于关系.

2. 文本输入函数

1) @IMPORT(工作表文件名, 数据行名)

工作表文件名最多允许 64 个字符, 并且可以包括盘符和路径. 在文件名中必须包括文件扩展名 (如. WK4, .XLS). 数据行名指需要引入的数据表中被命名的长方形行中的数据. 数据行的命名依赖于数据表.

@IMPORT 函数在 LINGO 中仅被允许在数据输入部分使用. LINGO 将会到指定的数据表中的指定数据行中读取变量或数组的数值. 数据表中的数据可以横向或纵向或表格式的. LINGO 从数据表中读取数据的方式为从最高和最左边的数据开始一行行地读取数据. 注意, 数据表中数据行中的数据个数必须与数组初始化时所定义的维数相等, 任何空的表格均被认为是 0.

2) @FILE 函数

LINGO 中的@FILE 函数允许在当前模型中使用其他文件中的模型文件或数据. 这些文件可以认为是内含文件. LINGO 在编译过程中如果遇到@FILE(文件名), 程序将调用文件名所指向文件中的文本. 它将一直读取这个文件中的文本内容直到遇到 “end-of-file” 或 LINGO 的结束标志 ( ). 同时, 在同一个模型中用@FILE(filename) 引入文件, LINGO 将从原先的停止点重新开始读取数据. 注意, 在 LINGO 中相互嵌套地使用@FILE 是不允许的.

3. 金融函数

1) @FPA(I, N)

返回当前值的年金, 特别的是一个单位 ($1) 的支出按每个时期利率为 I, 从某个时期开始 N 个时期后的年金. I 不是一个百分比而是一个非负的数用来表示利率. 如果要得到变量 X 的年金, 可以用@FPA(I, N) 乘以 X 得到.

2) @FPL(I, N)

返回 \$1 的当前值的一次总付的年金值, I 为每个时期的利率, N 为从现在开始的 N 个时期. I 不是一个百分比而是一个非负的数, 用来表示利率. 如果要得到变量 X 的年金, 可以用@FPL(I, N) 乘以 X 得到.

4. 数学函数

LINGO 具有两类数学函数: 一般函数和三角函数. LINGO 提供基本的三角函数: 正弦函数、余弦函数和正切函数. 适当地运用这些函数的组合可以获得其他三角函数.

@ABS(X)	返回 X 的绝对值
@COS(X)	返回 X 的余弦值, X 是用弧度制表示的一个角
@EXP(X)	返回常数 e 的 X 次方
@LGM(X)	返回先对 X 取 GAMMA 函数再取自然对数的值
@LOG(X)	返回 X 的自然对数值
@SIGN(X)	如果 $X < 0$ 则返回 -1, 否则返回 $+1$
@SIN(X)	返回 X 的正弦值, X 是用弧度制表示的一个角
@SMAX(X)	返回 list 列表中标量的最大值
@SMIN(X)	返回 list 列表中标量的最小值
@TAN(X)	返回 X 的正切值, X 是用弧度制表示的一个角

5. 集合函数 (循环设置函数)

集合函数是对整个集合进行操作. 除了@FOR 运算符, 其余函数均产生唯一结果. 集合函数的一般格式为: function(set_name|condition: expression), 其中 condition 部分为可选的. 可以使用的函数表示如下:

@FOR (set_name|constraint: expression) 从名为 set_name 的集合中产生不依赖于任何元素的约束条件.

@MAX (set_name: expression) 返回表达式作用于整个集合上的最大值.

@MIN (set_name: expression) 返回表达式作用于整个集合上的最小值.

@SUM (set_name: expression) 返回表达式作用于整个集合上的和.

6. 变量定义域函数

变量定义域函数是给变量附加一些约束条件.

@BIN(X) 限制变量 X 为二进制整数值 (0 或 1). 下例是将变量 PRODUCE 设置为二进制整数值: @BIN(PRODUCE). 如果要对整个集合进行操作, 可以使用@FOR 函数附加@BIN 函数对整个集合中具有某种属性的元素进行操作. 下例是将集合 PRODUCES 中所有具有 PRODUCE 属性的元素设置为二进制整数值: @FOR (PRODUCES: @PRODUC E);

@BND(L, X, N) 限制变量 X 大于等于 L, 小于等于 N. 下例是使变量 PRODUCE 大于等于 5 小于等于 7; @BND(5, PRODUCE, 7); 如果要对整个集合进行操作, 可以使用@FOR 和@BND 对集合中的一类变量进行设置. 下例是将集合 PRODUCTS 中具有 PRODUCE 属性的元素设置为大于等于 5 小于等于 7: @FOR(PRODUCTS: @BND(5, PRODUCE, 7));

@FREE(X) 设置 X 为自由变量, 即去除对变量 X 的默认下界 0 和任何上界, 允许 X 取任意的正值和负值. 下例是将变量 PRODUCE 设置为自由变量: @FREE(PRODUCE); 如果要对整个集合进行设置, 可以使用@FOR 和@FREE 对集合中具有某种属性的元素进行设置. 下例是对集合 PRODUCTS 中具有 INVENTORY 属性的元素进行设置: @FOR(PRODU CTS: @FREE(INVENTORY));

@GIN(X) 限制变量 X 为整数值. 下例设置变量 PRODUCE 为整数值: @GIN (PRODUC E); 如果要对整个集合进行设置, 可以使用@FOR 和@GIN 对集合中具有某种属性的元素进行设置. 下例是对集合 PRODUCTS 中具有 PRODUCE 属性的元素进行设置: @FOR (PR ODUCTS: @GIN(PRODUCE)).

7. 概率函数

(1) @PSN(X) 标准正态分布的分布函数.

(2) @PSL(X) 单位正态线性损失函数 (即返回 MAX(0, Z-X) 的期望值, 其中 Z 为标准正态随机变量).

(3) @PPS(A, X) 均值为 A 的 Poisson 分布的分布函数 (当 X 不是整数时, 采用线性插值进行计算).

(4) @PPL(A, X) Poisson 分布的线性损失函数 (即返回 MAX(0, Z-X) 的期望值, 其中 Z 为均值为 A 的 Poisson 随机变量).

(5) @PBN(P, N, X) 二项分布的分布函数 (当 N 和 (或) X 不是整数时, 采用线性插值进行计算).

(6) @PHG(POP, G, N, X) 超几何 (Hypergeometric) 分布的分布函数 (当和 POP, G, N(或)X 不是整数时, 采用线性插值进行计算).

(7) @PEL(A, X) 当到达负荷为 A, 服务系统有 X 个服务器且不允许排队时 Erlang 损失概率.

(8) @PEB (A, X, C) 当达到负荷为 A, 服务系统有 X 个服务器且允许无穷排队时 Erlang 繁忙概率.

(9) @PFS (A, X, C) 当负荷上限为 A, 顾客数为 C, 平行服务器数量为 X 时, 有限源 Poisson 的服务系统的等待, 或返修顾客数的期望值 (A 是顾客数乘以平均服务时间, 再除以平均返修时间. 当 C 和 (或)X 不是整数时, 采用线性插值进行计算).

(10) @PFD(N, D, X) 自由度为 N 和 D 的 F 分布的分布函数.

(11) @PCX(N, X) 自由度为 N 的 Chi-squared 分布的分布函数.

(12) @PTD(N, X) 自由度为 N 的 t 分布的分布函数.

(13) @RAND(X) 返回 0 与 1 之间的伪随机变量 (X 为种子, 典型用法是 U(I)=@RAND(U(I+1))).

8. 其他函数

(1) @IN(set_element, set_name) 如果元素 set_element 包含在集合 set_name 中, 则@IN 函数返回真. @IN 函数对于产生集合某个子集的补集是有用的.

(2) @SIZE(set_name) 返回集合中元素的个数.

(3) @USER 使用@USER 函数可以使 LINGO 使用用户在 LINGO 中自定义的函数.

(4) @WARN ('text', condition) 如果遇到满足@WARN 所给出的条件 condition, @WARN 函数将显示 'text' 中的信息.

(5) @WRAP(I, N) 如果 1 在区间 [I, N] 中则返回 1; 否则@WRAP 函数将把 1 减去 N 直至使 1 在区间 [I, N] 内, 然后再返回 1 的值. (形式上, 返回的 $J = 1 - KN$, 这里 K 将是一个非负的整数, 使得 J 在区间 [I, N] 内. 当 $N < 1$ 时, @WRAP 将是无意义的.)

@WRAP 函数在多阶段计划模型中可以将计划的结束点平移至起始点.

假设 X(1) 是从 I 到 N 天中的第 1 天工作的人数, 用 DELTA(I) 来计算 (测量) 从第 $N-1$ 天到第 I 天工作人数的变化. 下列方程给出了计算 DELTA(I) 的方法: DELTA(I)=X(I)-X(@WRAP(1-I, N)):

如果 $1 - I > 0$, 它等价于: DELTA(I)=X(I)−X(1−I);

如果 $1 - I = 0$, 它等价于: DELTA(I)=X(I)−X(N).

11.4.3 在 LINGO 中的集合

为什么用**集**?

迄今为止, 在讨论过的简单模型中, 使用的都是度量变量 (scalar variables). 在这些模型中, 每个约束都明确规定, 每个变量都按变量名列出. 在大多数大型模型中, 可能需要表达一组相似的计算和约束. 使用直接建模的方法, 就要重复键入每一个约束条件. LINGO 有了成功处理**集**中信息的能力, 这样的操作就简便有效多了.

怎样用**集**?

集(SET) 是一组相关对象的集合. 一个**集**可以由一系列产品, 任务或者股票组成. **集**中的每个元素可以有一个或多个相关的特征, 称这些特征为属性. 属性可以是已知的, 也可以是未知有待 LINGO 求解的. 有关产品的**集**可能包含一个表示所有产品价格的属性, 有关任务的**集**可能包含一个表示每件任务完成所需时间的属性, 有关股票的**集**可包含每种股票购买数量的属性.

LINGO 可识别两种类型的**集**: **初始集**(PRIMITIVE) 和**生成集**(DERIVED).

一个**初始集**包含了最基本的对象.

一个**生成集**是从其他**集**生成得来的, 是另一个**集**的子集, 或由其他几个**集**中地元素组成.

集是在 LINGO 模型中一个可选部分中定义的, 称为**集部分**.

模型的集部分

在 LINGO 模型中使用**集**以前, 必须在模型的**集部分**(SETS Section) 中对它们进行定义. **集部分** 从标识符 SET: (包含冒号) 开始, 到标志符 ENDSETS(不包含冒号) 结束.

为了定义一个初始的集, 必须详细说明:

(1) **集**的名字;

(2) **集**的成员 (**集**中包含对象的名字和数量);

(3) **集**中成员的属性.

定义一个**集**用以下表达式:

setname/memeber_list/[: attribute_list];

LINGO 能在**集部分**中定义任意多个集.

11.4.4　LINGO 的变量域函数

LINGO 提供了 4 个**变量域函数**: @GIN, @BIN, @FREE 和@BND, 称为**变量域函数** (Variable Domain Functions) 是因为它们规定了一个变量的取值范围.

@GIN 和@BIN 分别规定了一个变量是 general(非负整数 0, 1, 2, $\cdots$) 或 binary (0-1 变量).

在默认状态下, LINGO 规定变量时非负的, 也就是说, 下界为零, 上界为无穷大. @FREE 取消了下界为零的约束, 使变量可以取负值.

@BND 用于设定一个变量的上界和下界.

整型变量 (integer variables)

整型变量有两种情况: General 和 Binary. 一个 General 整型变量要求是一个非负整数. 一个 Binary 整型变量进一步要求是 0 或 1. 这两种整型变量在现实生

活中都是十分有用的. 例如, 不能雇佣或安排 2/3 个人进行工作, 也不可能卖出半辆汽车.

LINGO 并不是简单地将一个解经四舍五入后得到整数解. 相反, 程序使用一种复杂的算法来确定最好的可行整数解. 但这种算法需要大量额外的运算时间, 当添加整型变量时, 运算时间会惊人的增加, 所以, 应该尽可能地使需要解的问题避免使用整型变量. 虽然如此, 让 LINGO 求整数解仍然是有意义的.

1. General 整型变量

使用 General 整型变量最简单的例子是一个非基于集的模型. 例如, 模型

```
MODEL:
  MAX=X;
  X+Y=25.5
  X<=Y;
END
```

将返回解 $X = 12.75$.

如果在模型中加入:

@GIN(X);

就会强迫 X 取整数. 在这种情况下, 最优解为 12. (注意, 如果将原来的非整数解 12.75 四舍五入得到的整数解为 13 不是原问题的可行解)

2. Binary 整型变量

Binary 整型变量, 也称为 0-1 变量, 是一种整型变量的特殊情况. 它通常用作表示包含或排斥关系.

3. 自由变量和单边界

在默认情况下, 一个 LINGO 变量具有一个下边界零和一个上边界无穷大. @FREE 取消了下边界零使一个变量可以取负数, 放弃在符号上的约束. 用法是:

@FREE(variable)

在求解 LINGO 的直接型模型时, 变量的取值范围是不限制的. 然而, 当求解优化模型和带有联立方程系统 (system of simultaneous equations) 的模型时, LINGO 默认变量只可取非负值.

@FREE 函数与@BND 函数的比较

尽管@FREE 函数可以将指定变量的上、下界定为正负无穷大 (有效地取消了变量的任何边界), @BND 函数却能让指定上、下边界. 用法为:

@BND(lower_bound, variable, upper_bound)

@BND 函数变量在一定的范围里收敛; 而@FREE 函数取消了默认的下界零. 一定要记住: 从优化者的角度上, @BND 是表示单边界变量的一种极为有效的方法.

11.4.5 在 LINGO 中使用数据

LINGO 不仅可以按需要打开, 关闭或保存文件, 而且允许在运行模型文件或执行批命令文件时调用外部文件上的数据.

1. 模块化模型 (MODULAR MODELS)

在创建新的模型时, 需要多次包含一些已经存在的模型文本或数据, 但是又不想每次都手工输入.

LINGO 系统允许将模型的几个内含文本存储在其他外部文件中, 在不同的模型中使用一些共同的内容来代替手工输入, 并且当前一个模型可以顺利地使用这些内容.

另外, 许多模型程序经常使用应用程序的模块化思想, 这些模型程序每次均可处理一组不同的数据. 这些模型使用的数据可以存储为专用的数据文件, 在模型道德数据部分将数据文件作为内含子文件嵌入, 那么运行模型程序时可以自动调用这些数据.

将模型主体与数据部分区分开来在处理实际问题时是非常重要的. 因为在现实世界中事物的变化实在太快了, 如价格的变化, 利率的升降等, 所以通常会使用系数来代替常数. 如果将数据也作为 “硬代码” 写入模型程序, 那么在处理另外一组数据时你可能需要花费许多劳动力去重写它们. 在 LINGO 系统中, 所要做的是将各组数据编入不同的文件中, 模型程序执行时可以方便地调用它们.

应用@FILE 函数可以从其他文件中引入模型文本和数据. 如果仅仅需要引入数据, LINGO 可以用@IMPORT 函数从电子表格中引入数据, 同时也可以使用 EXPORT TO SPR EADSHEET 命令将程序的运行结果输出到电子表格中.

2. 用@FILE 函数引入文件 (FILE INPUT WITH @FILE)

通过@FILE 函数, LINGO 系统允许当前执行的程序调用外部文件上的模型文件和数据. 这些被调用的文件通常称为 “内含子文件”(include files).

当 LINGO 系统运行模型程序时处理到@FILE(filename) 函数会从 filename 所指向的文件中读取需要的文本内容. LINGO 系统将持续从该文件中读取数据直到遇到 end-of-file 或 LINGO 的记录结束标志 ( ).

注 在同一模型中用@FILE(filename) 引入数据时, LINGO 系统总是从上次读取的结束点重新开始读取数据. 尽管 LINGO 允许在一个模型中调用多个外部数据文件, 但是不允许嵌套使用@FILE 函数.

3. 用电子表格交换数据 (INTERFACING WITH SPREADSHEET)

通过@INPORT 函数和 EXPORT TO SPREADSHEET 命令可以直接从电子表格中引入和向电子表格输出数据.

4. LINGO 取出文件 (LINGO TAKE FILES)

LINGO 取出文件是一个包含一系列 LINGO 命令的文本文件. 如果文件中仅仅只有 MODEL 和 END 两条命令, 则 LINGO 系统会将这个模型引入内存并等待进一步的指令. 如果该文件中还有其他有效的命令, 系统会自动执行它们. 仅有的一点限制是在 MODEL 和 END 之间没有其他命令.

要在 WINDOWS 版本的 LINGO 系统中有效地使用取出文件需要对命令行窗口命令有一定的理解, 因为它们是取出文件的 "语言". 在 LINGO 系统中的 TAKE COMMANDS 命令不仅在模型中会使用, 而且会在执行一系列命令时会用到. WINDOWS 系统的用户可以认为这些命令时一系列 "宏语句", 这些语句便于执行一些常用的模型.

5. 管理 LINGO 文件 (MANAGING LINGO FILES)

LINGO 系统没有为文件强制命名的约定, 但在文件命名时至少应该关心一下文件的扩展名, 它能够帮助保存文件的轨迹.

以下是建议使用的扩展名:

.LNG　LINGO 的模型文件 (WINDOWS 版 LINGO 的缺省值);

.LTF　LINGO TAKE 文件的扩展名;

.LDT　内含子文件, 如数据外扩展.

也许会使用略有不同的约定, 但是无论什么约定, 它始终会有帮助.

11.4.6 LINGO 的典型应用举例

本节通过 LINGO 在一些典型问题上的应用实例逐步掌握其用法.

1. 下料问题

下料问题是一类比较常见的应用问题, 下面用实例来说明下料问题的数学模型以及用 LINGO 求解的方法.

例 11.4.1 圆钢原材料每根长 5.5m, 现需要 A, B, C 三种圆钢材料, 长度分别为 3.1m, 2.1m, 1.2m, 数量分别为 100, 200, 400 根, 试安排下料方式, 使所需圆钢原材料总数最少.

解 假设切割时没有损耗, 一根长 5.5m 的圆钢截出 A, B, C 三种材料的切割方式有哪些? 例如, 先截出 $1A$, 余 2.4m, 可用作 $2C$, 则余 0, 若 2.4m 截出 $1B$, 则余 0.3; 5.5m 截出 $4C$, 则余 0.7; 5.5m 截出 $2B+C$, 则余 0.1, 所有可能的下料方式如表 11.4 所示.

表 11.4　余料小于 1.2m 的下料方式

材料＼截法		一根 5.5m 原材料能截出 A, B, C 的数量 一	二	三	四	五	需求量
A	3.1m	1	1	0	0	0	100
A	2.1m	1	0	2	1	0	200
A	1.2m	0	2	1	2	4	400
余料		0.3	0	0.1	1.0	0.7	

设五种截法的数量分别为 $x_1, x_2, \cdots, x_5$, 目标是使它们的和为最少, 约束条件是满足材料的数量需求, 建立整数线性规划模型:

$$\min \quad z=\sum_{i=1}^{5} x_i,$$

$$\text{s.t.}\begin{cases} x_1+x_2 \geqslant 100, \\ x_1+2x_3+x_4 \geqslant 200, \\ 2x_2+x_3+2x_4+4x_5 \geqslant 400, \\ x_i \geqslant 0, i=1,2,\cdots,5. \end{cases} \tag{11.1}$$

编写 LINGO 程序如下:

```
MIN=x1+x2+x3+x4+x5;
x1+x2>=100;   x1+2*x3+x4>=200;
2*x2+x3+2*x4+4*x5>=400;
```

求解得到最优解为: $x_1=0, x_2=100, x_3=100, x_4=0, x_5=25$. 即截法二, 三各 100 根, 截法五 25 根, 共 225 根.

模型的推广

一维下料问题: 需要 m 种材料 $A_1, A_2, \cdots, A_m$, 数量分别为 b_j, 对一件长的原材料可得出 k 种不同的切割方法, n_j 表示第 i 种方法得到 A_j 部件的数量. 用 x_i 表示第 i 种截法的原材料数量, 则该问题的模型为

$$\min \quad z=\sum_{i=1}^{k} x_i,$$

$$\text{s.t.}\begin{cases} \sum_{i=1}^{k} n_{ij}x_i \geqslant b_j, \quad j=1,2,\cdots,m, \\ x_i \geqslant 0, \quad i=1,2,\cdots,k. \end{cases} \tag{11.2}$$

例 11.4.2 钢管原材料每根长 19m, 现需要 A, B, C, D 四种钢管部件, 长度分别为 4m, 5m, 6m, 8m, 数量分别为 50, 10, 20, 15 根, 因不同下料方式之间的转换会增加成本, 因而要求不同的下料方式不差过 3 种, 试安排下料方式, 使所需钢管原材料最少.

解 虽然可以像例 11.4.1 那样通过手工方式列举出所有余料小于 4 的下料方式, 但工作量大, 耗费时间, 且不具有普遍性, 换一个题目又得重新列举, 我们设法把下料方式作为约束条件, 放在规划中一起解决.

假设用到 k 种下料方式, 用 $x_i(i=1,2,\cdots,k)$ 表示第 i 种下料方式所切割的原料钢管数量, 它们是非负整数, 用 n_{ij} 表示第 i 种下料方法得到部件 $j(j=1,2,\cdots,m)$ 的数量, b_j 表示第 j 种部件的需求量, L 表示钢管原料的长度, l_j 表示部件长度, 则下料方式应当满足以下条件: 切割出的部件总长小于等于 L, 且余料小于 $\min\{l_j\}$. 于是建立如下数学模型:

$$
\min \quad z=\sum_{i=1}^{k} x_i,
$$

$$
\text{s.t.}\begin{cases}\displaystyle\sum_{i=1}^{k} n_{ij} \geqslant b_j, \quad j=1,2,\cdots,m, \\ \displaystyle L-\min\{l_j\}<\sum_{j=1}^{m} l_j n_{ij} \leqslant L, \quad i=1,2,\cdots,k.\end{cases} \tag{11.3}
$$

模型中的 x_i 和 n_{ij} 都是决策变量且取非整数, 本例 $k=3$, $m=-4$. 模型的约束条件有两个, 一个是可能的下料方式应满足的条件; 另一个是各种部件满足的需求量, 目标函数是需要的钢管总根数最少, 编写 LINGO 程序如下:

```
MODEL:
SETS:
cutfa/1,2,3/:X;
!切割方法 3 种, X 表示对应每种切割方法的钢管原材料根数;
buj/1..4/:L,NEED;
!四种部件, L 是部件长度, NEED 是每种部件的需求量;
SHUL(cutfa, buj):N;
!第 i 种切割方法所切割出的第 j 种部件的数量用 N_ij 表示;
ENDSETS
DATA:
L=4  5  6  8;       NEED=50  10  20  15;
```

```
ZL=19;  !ZL 是每根钢管原材料的长度;
ENDDATA
MIN=@SUM(cutfa:X);
!目标函数是 3 肿切割方法所切割的钢管总根数最少;
@FOR(buj(J):@SUM(cutfa(I):N(I,J)*X(I))>=NEED(J));
!切割出的每种部件总数满足需求量;
@FOR((cutfa(I):@SUM(buj(J):N(I,J)*X(J))<=ZL);
!每种切割方法切割出的部件长度之和必须小于 19;
@FOR((cutfa(I):@SUM(buj(J):N(I,J)*X(J))>=16);
!每种切割方法切割出的部件长度之和大于 15(余料小于 4);
@FOR(SHUL:@GIN(N));@FOR(cutfa:@GIN(X));
!N 和 X 都是整数;
END
```

求解结果如表 11.5 所示.

表 11.5　最优解下料方式

切割方法	部件长度				余料长度	切割根数
	4m	5m	6m	8m		
I	2	2	1	0	0	10
II	3	0	1	0	1	10
III	0	0	0	2	3	8
合计	50	10	20	16	34m	28

以上切割方案余料总长 34m, 且多出一根 8m 长的部件.

2. 配料问题

配料问题又称调和问题, 是线性规划应用问题中的常见类型. 它研究将若干种原材料按要求配成不同产品, 在满足产品技术要求和数量的前提下使成本最小或者收益最大. 举例如下.

例 11.4.3　某疗养院营养师要为某类病人拟订本周蔬菜类菜单, 当前可供选择的蔬菜品种, 价格和营养成分含量, 以及病人所需养分的最低数量如表 11.6 所示. 病人每周需 14 份蔬菜, 为了口味, 规定一周内的卷心菜不多于 2 份, 胡萝卜不多于 3 份, 其他蔬菜不多于 4 份且至少一份. 在满足要求的前提下, 制订费用最少的一周菜单方案.

表 11.6 当前可供蔬菜养分含量 (mg) 和价格

蔬菜 \ 养分		每份蔬菜所含养分数量					每份价格 (元)
		铁	磷	维生素 A	维生素 C	烟酸	
A1	青豆	0.45	20	415	22	0.3	2.1
A2	胡萝卜	0.45	28	4065	5	0.35	1.0
A3	花菜	0.65	40	850	43	0.6	1.8
A4	卷心菜	0.4	25	75	27	0.2	1.2
A5	芹菜	0.5	26	76	48	0.4	2.0
A6	土豆	0.5	75	235	8	0.6	1.2
每周最低需求		6	125	12500	345	5	

解 用 x_i 表示 6 种蔬菜的份数, a_i 表示蔬菜单价, b_j 表示每周最低营养需求, c_{ij} 表示第 i 种蔬菜的第 j 种养分含量, 建立如下整数规划模型:

$$\min \quad z=\sum_{i=1}^{6} a_i x_i,$$

$$\text{s.t.}\begin{cases}\displaystyle\sum_{i=1}^{6} c_{ij}x_i \geqslant b_j, \quad j=1,2,\cdots,5,\\ \displaystyle\sum_{i=1}^{6} x_i = 14,\\ x_2\leqslant 3, \quad x_4 \leqslant 2,\\ 1\leqslant x_i\leqslant 4, \quad i=1,3,5,6.\end{cases} \tag{11.4}$$

LINGO 程序为:

```
MODEL:
SETS:
SHC/A1..A6/:AI,X;  YF/B1..B5/:BJ;
JIAGE(SHC,YF):C;
ENDSETS
DATA:
AI=2,1,1.8,1.2,2.0,1.2;
BJ=6,125,12500,345,5;
C=0.45,20,415,22,0.3
  0.45,28,4065,5,0.35
  0.65,40,850,43,0.6
  0.4,25,75,27,0.2
```

```
  0.5,26,76,48,0.4
  0.5,75,235,8,0.6;
ENDDATA
MIN=@SUM(SHC:AI*X);
@FOR(SHC(I):@GIN(X(I)));
@FOR(SHC(I):(X(I)>=1);  @SUM(SHC(I):(X(I))=14;
X(2)<=3;  X(4)<=2;
@FOR(SHC(I)| I  #NE#  2  # AND#  I  # NE#  4:X(I)<=4);
@FOR(YF(J):@SUM(SHC(I):X(I)*C(I,J))>=BJ(J));
END
```

求解得到优化结果为: 每周青豆、胡萝卜、花菜、卷心菜、芹菜、土豆的份数分别为 1, 3, 2, 2, 3, 3, 总费用为 20.6 元.

3. 选址问题

有一类问题是投资建设工程项目时, 希望在满足某种目标的前提下, 选择最优地址. 举例如下[1].

例 11.4.4 某公司有 6 个建筑工地要开工, 工地的位置 (x_i, y_i)(单位: km) 和水泥日用量 d_i(单位: t) 由表 11.7 给出, 公司目前有两个临时存放水泥的场地, 分别位于 $A(5,1)$ 和 $B(2,7)$, 日存储量各 20t, 请解决以下两个问题:

(1) 假设从料场到工地之间均有直线道路相连, 试制订日运输计划, 即从 A, B 两个料场分别向各工地送多少水泥, 使总的吨 · 千米数, 最小.

(2) 为了进一步减少吨 · 千米数, 打算舍弃目前的两个临时料场, 改建两个新料场, 日存储量仍然各为 20t, 问建在何处为好?

表 11.7 表各工地的位置和水泥日需求量

工地		1	2	3	4	5	6
位置	x_i	1.25	8.75	0.5	5.75	3	7.25
位置	y_i	1.25	0.75	4.75	5	6.5	7.75
日用量 d_i		3	5	4	7	6	11

解 画出 6 个工地和两个临时料场的示意图如图 11.1 所示.

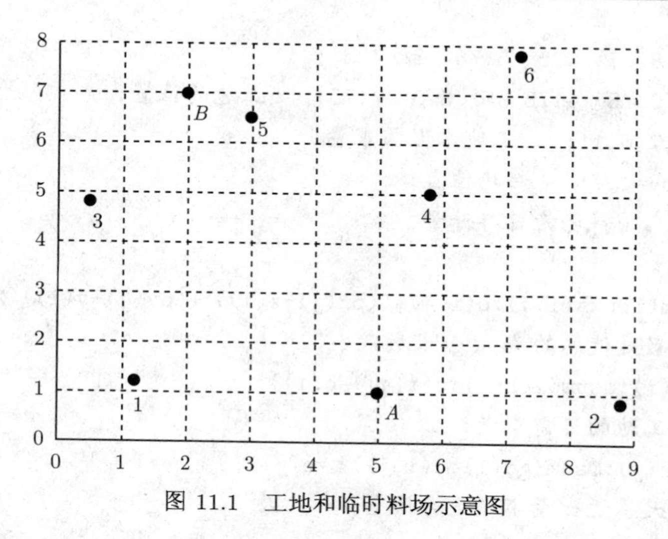

图 11.1 工地和临时料场示意图

料场的位置用 (px_j, py_j) 表示, 日存储量用 g_j 表示, 从料场 j 向工地 i 的日运输量为 C_{ij}. 则对问题 (1), px_j, py_j 是已知数, 决策变量是 C_{ij}. 料场 j 到工地 i 的距离为 $\sqrt{(px_j - x_i)^2 + (px_j - x_i)^2}$.

目标函数时总的吨 · 千米数最小, 约束条件有两个. 一是满足各工地的日需求, 二是各料场的总出货量不超过日存储量, 建立数学模型如下:

$$
\min \quad z = \sum_{i=1}^{6}\sum_{j=1}^{2} C_{ij}\sqrt{(px_j - x_i)^2 + (px_j - x_i)^2},
$$

$$
\text{s.t.} \begin{cases} \displaystyle\sum_{i=1}^{6} C_{ij} \leqslant g_j, \quad j = 1, 2, \\ \displaystyle\sum_{j=1}^{2} C_{ij} \leqslant d_j, \quad i = 1, 2, \cdots, 6. \end{cases} \tag{11.5}
$$

因各料场到各工地的距离是常数, 目标和约束条件都是线性的, 故该模型是线性规划模型, 编写 LINGO 程序如下:

```
MODEL:
SETS:
gd/1..6/:x,y,d;  !定义 6 个工地;
lch/A,B/:px,py,e;  !定义 2 个料场;
links(gd,lch):C;  !C 为运量;
endsets
data:
```

```
x=1.25  8.75  0.5  5.75  3  7.25;
y=1.25  0.75  4.75  5  6.5  7.75;  !工地的位置;
d=3,5,4,7,6,11;  !工地水泥需求量;
px=5,2;py=1,7;  !料场位置;
e=20,20;  !料场的日存储量;
ENDDATA
min=@sum(links(i,j):c(i,j)*((px(j)-x(i))^2+(py(j)-y(i))^2)^(1/2));
!目标函数是使总的吨 · 千米数最小;
@for(gd(i):@sum(lch(j):c(i,j))=d(i));
!满足各工地的日需求量;
@for(lch(j):@sum(gd(i):c(i,j))<=e(j));
!料场每天总运出量不超过存储量;
END
```

求解结果为目标函数最优值为 136.2275, 调运方案如表 11.8 所示.

表 11.8　最优调运方案

工地		1	2	3	4	5	6	合计
运量	料场 A	3	5	0	7	0	1	16
运量	料场 B	0	0	4	0	6	10	20
合计		3	5	4	7	6	11	36

对问题 (2), px_j, py_j 是未知数, 与 C_{ij} 一样是决策变量. 此时 $\sqrt{(px_j-x_i)^2+(px_j-x_i)^2}$ 对决策变量 px_j, py_j 来说是非线性的, 目标函数成了非线性函数, 所以式 (11.5) 变成了非线性规划. 对问题 (1) 的决策程序作如下修改:

```
MODEL:
SETS:
gd/1..6/:x,y,d;  !定义 6 个工地;
lch/A,B/:px,py,e;  !定义 2 个料场;
links(gd,lch):C;  !C 为运量;
endsets
data:
x=1.25  8.75  0.5  5.75  3  7.25;
y=1.25  0.75  4.75  5  6.5  7.75;
d=3,5,4,7,6,11;
e=20,20;
min=@sum(links(i,j):c(i,j)*((px(j)-x(i))^2+(py(j)-y(i))^2)^(0.5));
```

```
@for(gd(i):@sum(lch(j):c(i,j))=d(i));
@for(lch(j):@sum(gd(i):c(i,j))<=e(j));
END
```

与前面程序的不同之处是 data 语句中取消了对 px, py 的赋值. 因为该模型是非线性规划, 所以 LINGO 菜单 Options 参数设置中全局优化求解器 (Global Solver) 的选项设置可能影响计算结果, 在设置不用全局优化求解器的情况下, 如果多初始点求解程序 (Multistart Solver) 的 Attempts 设置为 2, 找到的局部最优解可能不是全局最优解, 假如把 Attempts 设置为 3 或 4, 则计算结果为: 目标函数最优值为 85.26606, 新建料场的位置为 A(3.254882, 5.652331), B(7.249999, 7.749997), 料场 B 的位置与工地 6 是重合的. 运输方案如表 11.9 所示.

表 11.9 最优调运方案

工地		1	2	3	4	5	6	合计
运量	料场 A	3	0	4	7	6	0	20
运量	料场 B	0	5	0	0	0	11	16
合计		3	5	4	7	6	11	36

LINGO 运行时 Option 参数没有设置用全局求解器, 求得的解显示为局部最优解, 它是否为全局最优解呢? 用全局最优求解器试试, 点击菜单 LINGO→Option, 弹出参数设置对话框, 点击 “Global Solver”, 选中 “Use Global Solver”, 点击 “OK” 确定, 然后再重新运行 LINGO 程序, 我们发现, 为了求得全局最优解, 运行时间非常长, 我们没有耐心等待如此漫长的运行时间, 在运行了 1 小时 41 分钟之后程序好在运行, 按下 “Interrupt Solver” 按钮强制终止求解, 此时目标函数最优值仍然是 85.26606, 新建料场的位置也没有变化, 看来这基本上就是全局最优解了.

4. 指派问题

设有 n 项工作需分配给 n 个人去做, 每人做一项, 由于各人的工作效率不同, 因而完成同一工作所需时间也就不同, 设人员 i 完成工作 j 所需时间为 C_{ij}, 问如何分配工作, 使完成所有工作所用的总时间最少? 这类问题成为指派问题 (assignment problem), 也称最优匹配问题, 它是一类重要的组合优化问题.

用 0-1 变量 x_{ij} 表示分配情况, $x_{ij}=1$ 表示第 i 个人完成第 j 个任务, $x_{ij}=0$ 表示不分配, 则上述问题可以表示为如下 0-1 线性规划:

$$\min \quad z=\sum_{i=1}^{n}\sum_{j=1}^{n}c_{ij}x_{ij},$$

$$\text{s.t.} \begin{cases} \sum_{i=1}^{n} x_{ij} = 1, j = 1, 2, \cdots, n, \\ \sum_{j=1}^{n} x_{ij} = 1, i = 1, 2, \cdots, n, x_{ij} = 0\text{或}1, \end{cases} \tag{11.6}$$

其中第一个约束条件表示每项工作只能派给一个人做, 第二个约束条件表示每个人只能做一项工作.

求指派问题的常用方法是 Kuhn 于 1955 年给出的算法, 称为匈牙利算法, 由于指派问题的模型是比较经典的 0-1 线性规划, 可以用 LINGO 很方便的求解.

例 11.4.5　分配甲、乙、丙、丁、戊去完成 A, B, C, D, E 五项任务, 每人完成一项, 每项任务只能由一个人去完成, 五个人分别完成各项任务所需时间如表 11.10 所示, 试作出任务分配使总时间最少.

表 11.10　时间表

人员 \ 任务	A	B	C	D	E
甲	8	6	10	9	12
乙	9	12	7	11	9
丙	7	4	3	5	8
丁	9	5	8	11	8
戊	4	6	7	5	11

解　编写 LINGO 程序如下:

```
MODEL:
sets:
WORKER/W1..W5/;
JOB/J1..J5/;
LINKS(WORKER,JOB):C,X;
ENDSETS
DATA:
                C=8,6,10,9,12,
                  9,12,7,11,9,
                  7,4,3,5,8,
                  9,5,8,11,8,
                  4,6,7,5,11;
```

```
ENDDATA
MIN=@SUM(LINKS:C*X);
@FOR(WORKER(I):@SUM(JOB(J):X(I,J))=1);
@FOR(JOB(J):@SUM(WORKER(I):X(I,J))=1);
@FOR(LINKS:@BIN(X));
END
```

求解得到五个变量 $x_{11}, x_{25}, x_{33}, x_{42}, x_{54}$ 等于 1, 其他变量等于 0, 代表甲完成任务 A, 乙完成任务 E, 以此类推. 目标函数值为 30. 本题的答案不唯一, 若 $x_{14}, x_{51} = 1$, 即甲与戊互换任务, 目标函数值不变.

5. 投资问题

最基本而又最见的投资问题有两类, 一类是对投资项目的选择, 这些项目都是起初一次性投资; 另一类是动态连续投资问题, 即每个项目可能需连续几年投资. 举例如下.

例 11.4.6 某部门现有资金 100 万元, 在今后五年内考虑对以下四个项目投资, 已知项目 1: 从第一到第四年每年年初需要投资, 并于次年末收回本利 112%; 项目 2: 第三年年初需要投资, 到第五年年末能收回本利 118%, 但规定最多投资额不超过 40 万元; 项目 3: 第二年年初需要投资到第五年年末能收回本利 126%, 但规定最多投资额不超过 30 万元; 项目 4: 五年内每年年初可购买公债, 于当年末归还, 并加利息 5%; 试确定投资方案, 使收益最大.

解 用 x_{ij} 表示第 i 年年初投资给项目 j 的资金, 由于项目 4 每年年初可投资且年末能收回, 由此手上的资金应全部投出.

第一年 $x_{11} + x_{14} = 100$;

第二年手上资金总数为 $1.05x_{14}$, 故有 $x_{21} + x_{23} + x_{24} = 1.05x_{14}$;

第三年手上资金总数为 $1.12x_{11} + 1.05x_{24}$, 故有 $x_{31} + x_{32} + x_{34} = 1.12x_{11} + 1.05x_{24}$;

同理得 $x_{41} + x_{44} = 1.12x_{21} + 1.05x_{34}$, 以及 $x_{54} = 1.12x_{31} + 1.05x_{44}$;

还有约束条件 $x_{23} \leqslant 30; x_{32} \leqslant 40$;

目标函数为 $\mathrm{MAX} = 1.26x_{23} + 1.18x_{32} + 1.12x_{41} + 1.05x_{54}$.

编写 LINGO 程序如下:

```
MAX=1.26*x23+1.18*x32+1.12*x41+1.05*x54;
x11+x14=100;
x21+x23+x24=1.05*x14;
x31+x32+x34=1.12*x11+1.05*x24;
x41+x44=1.12*x21+1.05*x34;
```

```
x54=1.12*x31+1.05*x44;
x23<=30;x32<=40;
```

求解得计算结果, 最优目标函数值为 132.04 万元, 变量值为 $x_{11} = 71.42857$, $x_{14} = 28.57143, x_{23} = 30, x_{32} = 40, x_{34} = 40, x_{41} = 42$, 其余变量为 0.

6. 装箱问题

装箱问题是一个有广泛应用的经典组合优化问题, 例如, 用集装箱装运货物, 人们总是希望用最少的集装箱把所有货物运完. 一般地, 装箱问题可以描述为: 设有许多长为 C 的一维箱子及长为 $w_i(w_i < C), i = 1, 2, \cdots, n$ 的 n 件物品, 要把这些物品全部装入箱中, 怎样装法才能是所用的箱子数尽可能少?

假设预先准备的箱子总数为 n 个, 即使每件物品单独装一个箱子也够用, 用决策变量 $y_i = 1$ 或 0 表示第 j 个箱子是用还是不用, 用变量 $x_{ij} = 1$ 或 0 表示第 i 件物品是否放人第 j 个箱子中, 建立 0-1 规划模型如下:

$$\min \quad z = \sum_{j=1}^{n} y_j,$$

$$\text{s.t.} \begin{cases} \sum_{i=1}^{n} w_i x_{ij} \leqslant C y_j, j = 1, 2, \cdots, n, \\ \sum_{j=1}^{n} x_j = 1, i = 1, 2, \cdots, n, \\ y_i = 0\text{或}1, j = 1, 2, \cdots, n, \\ x_{ij} = 0\text{或}1, i, j = 1, 2, \cdots, n. \end{cases} \tag{11.7}$$

例 11.4.7 已知 30 个物品, 其中 6 个长 0.51m, 6 个长 0.27m, 6 个长 0.26m, 余下 12 个长 0.23m, 箱子长为 1m, 问最少需多少个箱子才能把 30 个物品全部装进箱子?

解 本问题可以用手工拼凑的办法得到最优解, 装法如表 11.11 所示.

表 11.11

箱子长度	1			合计	箱子个数
物品长度	0.51 0.27	0.26 0.23	0.23	1 0.5	6 3

从以上装法可得出结论, 最少要 9 个箱子, 下面用 LINGO 编程验证.

```
MODEL:
SETS:
```

```
WP/W1..W30/:W;  XZ/VQ..V30/:Y;  LINKS(WP,XZ):X;
ENDSETS
DATA:
```

$$
\begin{aligned}
\mathtt{W}=&0.51,0.51,0.51,0.51,0.51,0.51,\\
&0.27,0.27,0.27,0.27,0.27,0.27,\\
&0.26,0.26,0.26,0.26,0.26,0.26,\\
&0.23,0.23,0.23,0.23,0.23,0.23,\\
&0.23,0.23,0.23,0.23,0.23,0.23;
\end{aligned}
$$

```
ENDDATS
MIN=@SUM(XZ(I):Y(I));
C=1;  !C 是箱子的长度;
@for(XZ:@bin(Y));  !限制 Y 是 0-1 变量;
@for(LINKS:@bin(X));  !限制 X 是 0-1 变量;
@FOR(WP(I):@SUM(XZ(J):X(I,J))=1);
!每个物品只能放入一个箱子;
@FOR(XZ(J):@SUM(WP(I):W(I)*X(I,J))<=C*Y(J));
!每个箱子内物品的总长度不超过箱子;
END
```

程序计算结果是 9, 说明 LINGO 能找到最优解, 程序正确.

11.5 习　题

1. 用 Mathematica 软件求解下面问题:

(1)

$$
\max f = 0.75x_1 - 150x_2 + 0.02x_3 - 6x_4,
$$

$$
\begin{cases}
0.25x_1 - 60x_2 - 0.04x_3 + 9x_4 \leqslant 0,\\
0.50x_1 - 90x_2 - 0.02x_3 + 3x_4 \leqslant 0,\\
x_3 \leqslant 1,\\
x_1, x_2, x_3, x_4 \geqslant 0.
\end{cases}
$$

(2)

$$\min f = x_1 - 2x_2 - 3x_3,$$

$$\begin{cases} x_1 + x_2 + x_3 \leqslant 6, \\ x_1 - 2x_2 + 4x_3 \geqslant 12, \\ 3x_1 + 2x_2 + 4x_3 = 20, \\ x_1, x_2, x_3 \geqslant 0. \end{cases}$$

(3)

$$\min f(x) = \mathrm{e}^{-x^2} \cdot \sin(6x),$$

$$\Omega = [-2, 2].$$

(4)

$$\min f(x) = x_1^4 + x_2^4 - 14x_1^2 - 38x_2^2 - 24x_1 + 120x_2,$$

$$\Omega = [-8, 8] \times [-9, 9].$$

2. 求解无约束全局极值问题:

$$\min f(x) = \mathrm{e}^{-0.3x} \cdot \sin(2x).$$

3. 用 LINGO 软件求解如下二次规划问题:

$$\max z = 3x^2 + y^2 - xy + 0.4y,$$

$$\begin{cases} 1.2x + 0.9y > 1.1, \\ x_1 - 2x_2 + 4x_3 \geqslant 12, \\ x + y = 1, \\ y < 0.7. \end{cases}$$

4. 用 LINGO 软件求解问题:

$$\max z = -9.8x_1 - 277x_2 + x_1^2 + 0.3x_1x_2 + 2x_2^2,$$

$$\begin{cases} x_1 + x_2 \leqslant 100, \\ x_1 \leqslant 2x_2, \\ x_1, x_2 \geqslant 0. \end{cases}$$

5. 一汽车厂生产小、中、大三种类型的汽车, 已知各类型每辆车对钢材、劳动时间的需求, 利润以及每月工厂钢材、劳动时间的现有量如下表所示.

	小型	中型	大型	现有量
钢材 (吨)	1.5	3	5	600
劳动时间 (小时)	280	250	400	60000
利润 (万元)	2	3	4	

由于各种条件限制, 如果生产某一类型汽车, 则至少要生产 80 辆. 试制订月生产计划, 使工厂的利润最大.

参考文献

程理民, 吴江, 张玉林. 2008. 运筹学模型与方法教程. 北京: 清华大学出版社.

茨木俊秀, 福岛雅夫. 最优化方法. 曾道智译. 北京: 世界图书出版公司, 1997.

何旭初, 孙麟平. 约束最优化方法. 南京: 南京大学出版社, 1986.

孙文瑜, 徐成贤, 朱德通. 最优化方法. 北京: 高等教育出版社, 2006.

吴祈宗. 运筹学与最优化方法. 北京: 机械工业出版社, 2005.

吴受章. 应用最优控制. 西安: 西安交通大学出版社, 1988.

现代应用数学手册, 运筹学与最优化理论卷. 北京: 清华大学出版社, 1998.

袁亚湘, 孙文瑜. 最优化理论与方法. 北京: 科学出版社, 1997.

Dennis Jr J E, Mei H H W. Two new unconstrained optimization algorithms which use function and gradient values. Journal of Optimization Theory and Applications, 1979, 28: 453–482.

Eggleston H G. Convexity. Cambridge: The Cambridge University Press,1958.

Gill P E, Murray W. Newton-type methods for unconstrained and linearly constrained optimization. Mathematical Programming, 1974, 7: 311–350.

Goldfarb D, Idnani A. A numerically stable dual method for solving strictly convex quadratic programs. Mathematical Programming, 1983, 27: 1–33.

Horst R, Thoai N V. DC Programming: Overview. Journal of Optimization Theory and Applications, 1999, 103: 1–43.

Kirkpatrick S, Gelatt C D Jr, Vecchi M P. Optimization by simulated annealing. Science, 1983, 220: 671–680.

Metropolis N, Rosenbluth A W, Rosenbluth M N, Teller A H, Teller E. Equation of state calculations by fast computing machines. Journal of Chemical Physics, 1953, 21: 1087–1092.

Nguyen V H, Strodiot J-J. Computing a global optimal solution to a design centering problem. Mathematical Programming, 1992, 53: 111–123.

Powell E W. The effects of a 2-naphthol peeling paste on sebaceous glands remote from its site of application. British Journal of Dermatology, 1970, 82: 371–376.

Rockafellar R T. Convex Analysis. Princeton: Princeton University Press, 1970.